怀着永不屈服的希望去生活

怒放

How to Live
When You Could Be Dead

［英］黛博拉·詹姆斯 著
任爱红 译

中信出版集团｜北京

图书在版编目（CIP）数据

怒放 /（英）黛博拉·詹姆斯著；任爱红译. -- 北京：中信出版社，2024.1
书名原文：How to Live When You Could Be Dead
ISBN 978-7-5217-6115-3

Ⅰ.①怒… Ⅱ.①黛…②任… Ⅲ.①心理学－通俗读物 Ⅳ.① B84-49

中国国家版本馆 CIP 数据核字（2023）第 210549 号

Copyright © Deborah James, 2023
First published as How to Live When You Could Be Dead in 2022 by Vermillion, an imprint of Ebury Publishing. Ebury Publishing is part of the Penguin Random House group of companies.
Simplified Chinese translation copyright © 2023 by CITIC Press Corporation
ALL RIGHTS RESERVED
本书仅限中国大陆地区发行销售

怒放

著者：[英]黛博拉·詹姆斯
译者：任爱红
出版发行：中信出版集团股份有限公司
（北京市朝阳区东三环北路 27 号嘉铭中心 邮编 100020）
承印者：北京联兴盛业印刷股份有限公司

开本：880mm×1230mm 1/32 印张：7.5 字数：133 千字
版次：2024 年 1 月第 1 版 印次：2024 年 1 月第 1 次印刷
京权图字：01-2023-5418 书号：ISBN 978-7-5217-6115-3
定价：48.00 元

版权所有·侵权必究
如有印刷、装订问题，本公司负责调换。
服务热线：400-600-8099
投稿邮箱：author@citicpub.com

献给雨果、埃洛伊丝和塞巴斯蒂安，
你们总能帮我找到永不屈服的希望，
即使在我以为没有了希望时。

作者的话

开始写这本书的时候,我感觉身体还好,癌症发展得也缓慢。然而,随着写作接近尾声,我的健康状况恶化,我意识到可能无法等到它出版的那一天了。我决定保持现状,不去修改之前写的内容。这意味着,有些话是基于我认为自己还能活很长一段时间的想法。我仍然相信我曾经学到并在这本书中分享的经验教训,即使现在我知道我的生命即将走到尽头。当然,这本书出版的时候,我可能不在了,对此我很难过。希望读者会觉得它有所帮助,这会让我备感欣慰。

黛博拉·詹姆斯

2022 年 6 月

推荐序

生活中，有时你会遇到一个人，在内心深处你知道这个人会让世界变得更美好。他/她会想方设法让你感到更快乐、更乐观，让每一天都充满欢笑。黛博拉就是这样的人。黛博拉是我的朋友。

我们第一次见面时，她来我的电台节目做嘉宾。我很清楚，她有很多东西值得我们学习，于是我问她是否愿意尽可能多来参加我们的节目。她说，因为肠癌，她不敢做出什么承诺，她的日子不是按周，而是按天来衡量的。然而借助于医疗手段、她对生活的热情，当然还有她的战斗精神，她一次又一次地参加了我们的节目。她在跑10公里马拉松的现场打电话与我们实时连线，她带着家人来参加节目，她和我们一起去温布尔登看温网男单决赛。最重要的是，我们成了朋友。

从那以后，我们有过许多次难忘的谈话。我清楚地记得有一次她告诉我，在日记里写下未来日子要做的事对她来说有多快乐，因为她从未想过自己还能再这样做。我们经常讨论她接受的治疗以及她如何应对电视台和电台安排的各种任务，不过她最乐意谈论的是她的家人。家人过去是，现在依然是她的生命。他们给她带来了快乐，她珍惜和他们在一起的每分每秒。这样做既是为了家人，也是为了她自己。尽管她自己身患重病，但从不忘记问候我父亲。我父亲是一名肠癌幸存者，她总是让我代她向我父亲问好。

黛博拉喜欢跳舞。她一直想参加《舞动奇迹》(Strictly Come Dancing)[1]。其实她不需要参加节目也能向大家展示，音乐和舞蹈让她快乐，帮助她挺过了一次次治疗。她的出发点从来不是为了她自己，而是为了让我们所有人都能感受到幸福，充满希望。

自从被诊断患了肠癌后，黛博拉一直不遗余力地宣传有关肠癌的知识，告诉所有愿意倾听的人，任何年龄段的人都

---

[1] 在英国深受欢迎的电视舞蹈大赛真人秀节目。——译者注

可能患上肠癌。她公开讨论与这个疾病有关的所有问题，还助力打破了谈论肠癌的一些禁忌。多年来，广播员们在谈到肠子、大便、屁股和肠癌症状等话题时都是小心翼翼的，但黛博拉不会这样。她大声疾呼，希望每个人都能倾听并予以关注。她提高了人们的认识，改变了人们的想法和观念。

黛博拉还通过她的社交媒体创建了一个癌症社区，帮助了许许多多的人，让他们不再感到孤单，也不再害怕。每个人都可以拥有"永不屈服的希望"，而她一直是把大家凝聚在一起的力量。

我们最后一次通话是在一个阳光明媚的日子。我们笑着谈起那天在洒满阳光的花园里，我们两个绞尽脑汁，想要选一首能让我们的丈夫感到难为情的歌来跳舞。她告诉我她病得很重。我的心都碎了，但她让我仍要怀有希望。她竭尽全力地活着，珍惜生命中的每分每秒——她的时装系列、以她的名字命名的玫瑰花，当然还有这本书，都是证明。

对这位了不起的女人，我非常敬佩。我无法描述写下这些文字有多艰难，而受黛博拉邀请为这本书作序又是多么荣幸。她的笑声和光芒将与我们所有人同在。愿我们每个人都不忘心怀希望，保持快乐，因为这正是她的心愿。所以，黛博拉，我保证我会一直为你摇旗呐喊。事实上，谁需要呐喊呢？每当想起我美丽的、亲爱的朋友，我都会露出灿烂的笑容，放声歌唱，开心起舞。

加比·罗丝琳（Gaby Roslin）
2022年6月

目录
CONTENTS

引　言　应对逆境的最强武器　　　　　　　　　1
第一章　希望如何帮助你在夜晚安然入睡　　　　7
第二章　珍惜今天，因为可能不会再有明天　　　31
第三章　设定目标，掌控人生的航向　　　　　　51
第四章　庆祝每一个小里程碑，找回前进的动力　75
第五章　点燃失败之火，从挫折中成长　　　　　95
第六章　坚毅起来，不屈服，不放弃　　　　　　123
第七章　勇敢不是不害怕，而是战胜恐惧　　　　147
第八章　微笑的治愈力量　　　　　　　　　　　165
第九章　感恩日常小事是对自己的一种慷慨　　　179
第十章　播种：永不屈服的希望长存　　　　　　197

后　记　　　　　　　　　　　　　　　　　　　207
给家人的一封情书　　　　　　　　　　　　　　211
延伸阅读　　　　　　　　　　　　　　　　　　217
参考文献　　　　　　　　　　　　　　　　　　219

引言　应对逆境的最强武器

我早就该离开人世,却仍然活着。在另一部电影中,我错过了滑动门[1],很久以前就离开了这个美好的世间。像许多身患不治之症的人一样,我不知道自己是否还有明天,因为从统计学上讲,我不应该有明天,但我必须学会在这种情况下生活。

我对待逆境的方式是我最大的武器。

2016年年底,就在圣诞节前的那个阴雨绵绵的周五晚

---

[1] 典故出自英国电影《滑动门》(*Sliding Doors*),电影讲述了一个女人因为赶上和错过地铁的滑动门——也许只差了一秒钟——而迎来两种完全不同的生活。——译者注

上，35岁的我被诊断出患有不治之症，我彻底蒙了。我的排便习惯发生改变，原来是因为长了一个6.5厘米的肿瘤。时间一个月一个月地过去，我的身体状况也跟着恶化。从肺部肿瘤、肝脏肿瘤到无法做手术的肿瘤——杀死肿瘤犹如打地鼠，是有史以来最糟糕的游戏。

一开始医生说我的五年存活率只有不到8%。写这本书时，时间已经过去了五年。我别无选择，只能活在当下。我珍惜每一天，并且只能珍惜这一天，因为我的明天没有保证。你们的也一样。

我是一名教师。一直都是。教师是我的灵魂、我的职业，而癌症也把它夺走了。自从那个改变我一生、摧毁我的世界的诊断出来后，我便离开教室，至今已经五年多了，而在此期间，我经历了人生中最快速的成长。去学习、去教育、去激励别人的动力变得更加强大，只不过现在要借助于不同的渠道：我的"Bowelbabe"博客、全国性的电视节目、英国广播公司（BBC）第5台直播播客节目《你、我和大C》(You, Me and the Big C)、《太阳报》专栏、慈善工作。我还努力通过自己的社交媒体账号提高人们对肠癌的认识。

生病后，我的大部分时间都花在了渴望摆脱无法治愈的肠癌上，没有一天它不在我的脑海中出现。我的爱比以前更浓烈了,我的失去也比以前更惨痛了。一路上我已经跟太多亲爱的人道别——那些只想再多活一秒钟的人,比如我出色的播客搭档主持人蕾切尔·布兰德(Rachael Bland)。她是我真正的朋友,也是我珍爱的人,我真希望我们不是因为都患上癌症才走到一起。正是因为这些人,我才在极易放弃的时候选择了积极乐观地应对,也正因如此,我才感觉自己重获新生。我知道,为了能多活一段时间,他们愿意付出一切代价。我也一样。

每一天,我都站在一个十字路口:一条路通往抑郁、精神错乱、对未知的恐惧、心碎和悲伤,所有这些我都无法控制;另一条路通往积极心态和能动性,是我更常选择走的一条(虽然并非一直如此)。我无法改变已经发生或将要发生的事,但我能百分百控制自己对周围环境的反应。和所有人一样,我能决定自己对个人处境,对今天,对此时此刻,对我渴望的一切有何感受,不管最终结果如何。我对待逆境的方式是我最大的武器。它能够彻底改变整件事,是我以及我们所有人真正需要的强大力量。

我们每个人每一天都面临大大小小的挑战,从结束恋情、搬家、换新工作,到患上不治之症、经受丧亲之痛或严重的创伤性事件。在很大程度上我们无法避免这些挑战,生活不会按照一个简洁明了的计划展开。不过我们可以决定的是如何应对困难。在本书中，我将向你展示我是如何设法应对逆境并带着欢笑、目标和成就感生活的，而这在我最初被确诊时是不可想象的。

首先，我们需要停止纠结"为什么是我？"这个问题，并明白"为什么不是我？"这一问题同样正当。我们学到的如何应对任何特定情况的方式，可以让我们变强大，也可以摧毁我们。我们对人生旅途中所遇的事情的反应能造就我们，也能毁掉我们。因此我想鼓励你反思自己的生活，就像没有明天一样，按照今天想要的方式去生活。我还活着并不只是因为拥有积极乐观的心态，不过它能帮助我在一次次跌倒的时候爬起来，让我重新振作起来。我学会的应对疾病的方法帮助我在可能死去的时候活得快乐、有意义。

我知道我们每个人都不一样，我发现的那些在令我不知所措的危急关头帮助我坚持下去的东西并不适用于每个人，但我希望自己分享的一些更实际的做法能帮助到一些人，鼓舞他们。我将解释面对看似无法克服的困难时，如何不被打倒，如何拥抱积极乐观的心态。我将向你展示如何在看似毫无希望的时刻利用希望的力量，学会珍惜当下，细化生活目标，不断制定和实现新的目标，并且更明智地利用时间，建立秩序，过有节奏的生活。我将向你展示如何重塑观念，改变看待事物的角度，做一个有心人，从发生在自己身上的每一件事中都有所收获。我将证明，毅力是应对逆境的关键因素，我们都比自己以为的更勇敢。患病期间，我一直保持欢笑，积极寻找生活中的乐趣，我会探讨为什么这样做好处多多。我还会提醒大家，在情况不妙时，最值得我们感恩的是生活中的小事。

无论你买下这本书是因为生活中遭遇了创伤性事件（比如患了不治之症），还是因为想过上自己真正想要的生活，我都希望我学到的一些经验教训能帮助你应对生活中的挑战。我现在充分享受生活，是因为我本来可能已经死去。我知道，不管面临什么困境，一个人都可以活出完美的自己。

我学会的应对疾病的方法帮助我在可能死去的时候活得快乐、有意义。

Chapter 1

第一章

希望如何
帮助你
在夜晚安然入睡

How to Live
When You Could Be Dead

我希望。我有很多希望。我希望癌症不会缩短我的寿命。我希望我能继续从工作中获得成功和快乐。我希望有生之年癌症不再是不治之症。这些是我的一些大希望。我也希望我的孩子们能整理好自己的房间,完成家庭作业。希望各种各样,有大有小。假如你能紧抓希望不放,它会帮你更好地面对甚至战胜逆境。每当遭受打击或路遇坎坷时,希望会帮助你重新振作起来。

希望是人类最强大的情感之一。我们听过有人飞机失事后在丛林中迷路,或乘船在茫茫大海漂流的故事。幸存者常常说,他们从未放弃希望。在这种极端情况下,是否怀有希望真的是生与死的区别。其实希望也适用于生活的方方面面。

"我们必须接受失望,因为它是有限的,但千万不可失去希望,因为它是无穷的。"

——马丁·路德·金

2016年，我首次被诊断出患了癌症，医生告诉我是癌症Ⅲ期，存活概率为64%。对于当时的我来说，那是我听过的最糟糕的消息，但现在，为了得到这64%的存活机会，我愿意不惜一切代价。后来，我的癌症发展到了Ⅳ期，无法治愈了。当时的我看不到未来，需要时间整理思绪，好好消化这个消息。我为自己将失去那么多我曾视为理所当然的东西而悲伤，我必须想办法让自己振作起来，重新审视人生。我又想到了希望——面对可怕的消息和日渐减少的胜算，我该如何保持希望？

然而我没有放弃希望，至少大多数情况下没有。我活了下来，比预期的时间长得多，原因之一是我初次接受治疗时还未问世的药物。最初我只是希望能活下去，我做到了。我非常幸运地沾了科学的光，这是我最初被确诊时做梦也没有想到的。

最初被告知患了癌症时，我上网搜索，希望能找到一个战胜病魔、被治愈的案例。当然，我没有找到，但这并未阻止我想成为那个人。正是这种"永不屈服的希望"让我走了下去。从一开始，我对自己处境的看法就从"你要死了"转变为"你要活着，你还有机会活下去"。我称之为"永不屈服的希望"，是因为它与我这个疾病患者的统计数据相悖。

我正在反抗人们对我这样的癌症患者应该如何行事的期望。我选择保持希望,尽管看起来希望渺茫。这是我的真言。

我知道,面对可怕的遭遇时保持希望并非易事。生活给你一个猝不及防的打击——也许你和我一样患了重病,或者你失业了,或者你跟人分手后正在经历煎熬——曾经自然而然出现、之前你依靠它渡过难关的希望的微光消失不见了。当生活看起来黯淡无光时,你该如何重拾希望,或紧抓剩余的希望呢?这非常困难,尤其在感到失落和脆弱的情况下。你感觉看不到出路,陷入了一个恶性循环。你觉得正常的生活正在离你远去。

有时候,发生在自己身上的事把我搞得焦头烂额,再加上病痛难忍,我偶尔也会想,人生不值得再继续下去了。有时我甚至会把这个想法说出来,我知道我爱的人听到这些话会很难过。不过那些非理性的时刻转瞬即逝。我并不是真想死。死是我最不想发生的事。

正是这样的时刻让我意识到,希望不是自然而然就能拥有的东西,你必须积极去争取、去培养,哪怕找到最小的抓手,也要顽强地坚持下去,尤其是在最黑暗的时刻。确诊患了癌症时,我真的很害怕,之后也一直在咨询专家。我咨询了麦克米伦癌症援助中心[1]、我的全科医生还有肿瘤专家的建议，了解我该做什么以及如何以最好的方式去应对。当然，他们有很多不错的建议。但是每个人对疾病的体验都是独一无二的，我很快便意识到，有些问题必须由我自己解决，或者在同伴的帮助下解决。如果我正在抵抗某种治疗的副作用，最好的办法可能不是医学上的常规答案。假如一个朋友也在经历类似情况，那么他的见解可能对我更有帮助。即使我走了一大圈最终回到原点，自己找出答案也更有价值，因为解决方案完全为我所有，我会从中受益，同时也能学到将来如何处理类似问题。全身心投入并相信自己找到的答案，会让我感到更有希望。

我相信希望一定会带来力量。你越有希望，就越有可能在灰心丧气时重新站起来。不仅我的经历证明了这一点，心理学家也同意这一观点——许多科学研究已经证明，希望在我们的生活中扮演着重要角色。证据显而易见：假如你满怀希望，你就比不抱希望的人更有可能获得快乐、健康和成功。

别误会我的意思。仅仅怀有希望不会让事情变好。我可以花很长时间热切希望自己能跑马拉松，但除非穿上跑鞋进

---

[1] Macmillan Cancer Support，英国最大的癌症慈善机构之一。——译者注

行训练，否则仅凭希望不会有任何结果。研究表明，满怀希望的人在遭遇人生重大变故时表现得更好，会比不抱希望的人具有更强的心理灵活性（psychological flexibility）。换句话说，你越怀有希望，就越有可能找到解决办法，绕过面前的障碍，继续前进。归根结底，希望意味着保持积极乐观的心态，绝不让自己被黑暗和失败吞噬。

自己寻找答案会让我感到更有希望。

患病期间，我时常会思考"希望"和"乐观"之间的区别。这两个词在很多方面很相似，日常生活中人们经常混用它们，但它们的特征不同。"乐观"是一种态度，认为即使我们无法掌控过程，事情的结果往往也不会差，而"希望"是一种信念，相信我们有能力确保事情达成最好的结果。因此，"乐观"可能意味着你总会看到事物光明的一面，而"希望"允许你为自己找到并创造光明的一面，即使在最黯淡的时刻。虽然永不屈服的希望成为我的口头禅，我认为保持希望一直是自己对癌症有所掌控的核心，但我有时也从保持乐观情绪和正确看待自己中受益。

有一个很好的例子，与心理学中的"解释方式"（expla-

"乐观主义者看到的是玫瑰,而不是它的刺;悲观主义者盯着刺,忘记了玫瑰的存在。"

——卡里·纪伯伦

natory style）相关。要是你没有听说过这个专业术语，不要被它吓倒。它是指人们看待世界、解释世界的方式以及人们对世界积极的和消极的体验。换句话说，它是人们为了解释发生在身上的事以及为何发生而讲述给自己的故事。乐观主义者发生了什么事不会往心里去，他们倾向于认为重大事件是无法控制的外部力量造成的。比如，事情出了差错，可能是因为运气不好。他们并不认为自己的处境会一直这样下去。假如没有实现一直为之努力的目标，有人可能会觉得是因为练习得还不够，需要更加努力，也有人会觉得是因为自己没有足够的天赋。乐观主义者倾向于专注于当前的情况，而不是过度引申。如果成为某个骗局的受害者，一个乐观主义者更有可能认为是自己遇到了坏人，而一个悲观主义者可能会得出世界上到处都是骗子的结论。

　　我的博客"Bowelbabe"成为我表达个人的解释方式重要的一部分。从某种程度上说，Bowelbabe是我的另一个自我，它让我对自己的处境有了积极而现实的看法。我用这个博客来提醒自己，癌症不是针对我的；当我陷入人生低谷，在凌晨3点哭泣时，用它提醒自己还有出路；当我的治疗出现问题时，用它提醒自己癌症只是我整个人生的一小部分。经常有人问我，我的乐观是不是假装的。我想这也是一种思路：一直假装，直到你成功。不过 Bowelbabe 是我的一部分，我在上面给自己和别人讲述的故事不是假的，我是有意识地扭转叙事，让它听起来积极乐观，让人更有希望。

另一方面，谈到希望时，我指的并不是确信自己会成功。我相信真正的希望总是建立在强烈的职业道德之上。你认为自己会成功，那是因为你有规划，有行动方案，绝不屈服，你可以靠着它们继续前进。要去培养促成改变的力量。你希望求职成功，不是因为面试官可能会喜欢你，而是因为你为面试做了充分准备，表现得心无旁骛，有很大的胜算。正确的希望是动态的，它让你朝着目标前进，而不是被动地等待。

要去培养促成改变的力量。

希望是一个积极的过程，无论是在试图实现目标时还是面对逆境时，希望都会带来更好的结果，这一点对我意义非凡。就像那些坠落在丛林中的飞机失事幸存者一样，怀有希望的人不会放弃。即使看上去已经陷入绝境，他们也会继续寻找摆脱困境的方法。

好消息是，每个人都可以拥有希望。希望是取之不尽、

"如果你可以为孩子许一个愿望,那就希望他/她乐观。乐观主义者通常开朗、快乐,因此很受欢迎。他们能很好地适应失败和困难,患临床抑郁症的概率更低,免疫系统更强大,能更好地照顾自己的身体,觉得自己比别人更健康,实际上也更有可能长寿。"

——丹尼尔·卡尼曼

用之不竭的资源，就算你还没有，你也一定可以得到它。希望无关乎你收入多少、有多聪明，甚至无关乎你目前面临着什么困境。它和氧气一样，每时每刻都对我们所有人开放。假如你天生不是一个满怀希望的人，或者你遭受了沉重打击，觉得活不下去了，你可以通过一些方法增加生活中的希望。总的来说，我觉得这些做法并不难。

为了让生活更有希望，首先试着进行一些自我反省。回想一下那些美好的时光、那些曾经取得的胜利、那些一帆风顺的时刻。研究发现，经常回顾自己的成功、人生顺利时刻的人会更快乐、更有希望。这很有道理。每当我想到自己已经连续五年平安度过"最后一个"圣诞节，我就更有希望迎接下一个圣诞节的到来。这提醒我，虽然我现在可能不顺，但事情的结果往往会比预期的好。

其次，有证据表明，祈祷和冥想可以增强我们培养希望的能力。心理学家早就发现，进行祈祷或冥想的人更有希望、更乐观、自尊心更强。不一定非得祈祷，你还可以在停下手头工作整理思绪时喝杯茶，静静地待上片刻。放慢脚步，不急不躁，让自己进入积极乐观的心态，这是培养希望最有效的一个方法。你甚至不需要慢下来，事实上，我发现跑步能让我变得更加专注。立足当下，这也是祈祷和冥想的一个主要好处。

笃信也有帮助。我不是指信神,我说的是信自己。要相信自己,相信事情会顺利,即使自己现在遇到了重重困难。要相信遇到挫折并不意味着走到了终点,它是旅程的一部分。如何成为自己的啦啦队队长?你能做些什么来提醒自己已经取得了一些成绩、擅长什么以及自己有多强大?练习对着镜子里的自己说话,反复提醒自己你可以,你能行,你能顺利通关,就算这听起来有点让人难为情。身陷绝境时,我对自己说这种鼓舞打气的话真的很有帮助,我们稍后(在第六章)也会看到,这也是增强毅力的好办法。

另一个增加希望的好办法是发挥创造力。我不是说坐下来画画或写诗——如果你发现这些事情对你很有帮助,当然也可以去做。研究发现,希望和创造性思维之间存在密切关联。知道自己能够找到问题的解决方案,会让你在遇到困难时抱有希望,保持乐观。假如你一直使用同一个方法做事,但都没有成功,你很容易就会觉得束手无策,这时希望也会慢慢消退。此时你需要跳出思维定式,寻找其他方法。不管解决方案有多新奇,都可以试试看。想想看,我的意思是真正思考一下你还可以做什么,或者如何换一个角度来解决问题。例如,你努力想让自己的身材更好,但看不到进展,这也许不是你的运动计划有问题，而是你还需要调整饮食结构。为问题找到创造性的解决方案也会形成一个良性循环，让你在下次试图解决问题时更乐观。

还有一种让你满怀希望的方法是想象最糟糕的情况，然后想出一个策略来帮助你应对。这听上去可能有点不合常理。我并不是说要你总去想会发生什么糟糕的事，而是要你正视"房间里的大象"[1]。最让你担心、消耗你希望的事情是什么？要是它真的发生了，你能否想出应对方案？当然了，对我来说最糟糕的事莫过于死亡了，但我并不建议你去想象自己患了不治之症，并为此做好准备——不必要地担心死亡只会引发焦虑。（等读到第七章，你会看到焦虑对我的影响。）我们必须承认，有时事情会出差错，预见可能会出现什么挑战，对生活中不可避免的意外做好准备，这样更容易不丧失希望。这个办法在我的课堂上很有帮助。考虑我的教案可能还存在什么缺陷，并想出一些应急措施，这样未雨绸缪可以让我在事情不按预期发展时表现得更好。

假如你的大脑总是被各种坏消息轰炸，那么保持希望会更难。如果你每天24小时都在看新闻，或者沉迷于浏览大量

---

[1] 形容明明存在却被人刻意回避的问题。——译者注

负面新闻,你会看到世界上有太多糟糕的事情。你会看到饥荒、疾病、冲突、灾难和创伤,是的,偶尔也会有好消息,但主要还是很糟糕、正在变糟糕或即将变得糟糕的事情。这个世界确实很可怕,但它同时也是一个美丽而有趣的地方,有很多善良的人和迷人的想法,有很多让人充满希望的事物。不要忽略社交媒体的影响。你需要对接触到的内容加以筛选,过滤消极的内容,同时多加关注积极的内容,取消关注那些有毒的账号,拉黑不良用户,去找能激励你的内容。研究表明,幽默和希望之间存在联系,所以可以在你的笔记本电脑上建一个文件夹(或者在手机上添加标签),里面存一些能让你开怀大笑的视频。

找到能给你带来希望的故事,让自己沉浸其中,也非常有用。寻找那些克服重重困难取得成功的榜样、那些从不放弃的人和满怀希望的人。当你从别人的励志故事中能想象出希望是什么感觉时,你会更有可能在自己的实际生活中感受到希望,并将吸取的经验教训付诸实践。找到一个榜样是很好的方法。蕾切尔·布兰德是我的一位挚友。在我被诊断出肠癌的一个月前,她被确诊患了乳腺癌。我们两人共同主持《你、我和大C》播客节目,都不放弃希望。我们努力好好活着,成为彼此的榜样。我们的友谊远远超出了同事关系。我很感激认识了她。榜样不一定是你生活中认识的人。你可以选一个名人或一名运动员作为榜样。选谁真的不重要，只要他们能激励你前行，拥有你想效仿的优秀品质——无论是更勇敢、更坚韧，还是更有条理（我将在下文更深入地讨论每一种品质）——即可。

被他人的希望之火照亮，你自己也会充满希望，所以尽可能地跟积极乐观的人在一起。悲观的人会告诉你，你永远无法取得更多好成绩。他们总是杞人忧天，跟他们在一起会很不好过。假如他们也在经历坎坷，我们需要善待他们。我觉得可以时常柔声提醒那些人，消极的看法没有任何意义，我们需要培养前行的希望。和积极乐观的人在一起，意味着你更有可能受到他们的影响。我知道这并不容易，如果周围的人本性并非如此，你不能强迫他们变得更积极向上。不过还有其他方法可以让生活充满希望，让自己更加乐观，比如在社交媒体上关注积极乐观的用户，读一本振奋人心的小说，加入一个志同道合的团体，看一部令你愉悦的电影或者只是到大自然中去。

为了希望茁壮成长，你需要将精力放到那些能激励你的事情上。对我来说，那就是与正在研发癌症最新疗法的科学家和肿瘤学家见面。我能活到现在，多亏了刚被确诊时还未问世的药物。我觉得这非常振奋人心。我的癌症可能无法治愈,但我知道有很多鼓舞人心的人正在致力于延长我以及无数像我一样的人的生命,这就是我希望不灭的原因。

* * *

如果你努力对生活怀有希望,却仍然感觉自己一直在挣扎,看不到光明的一面,那么试着调整审视事物的角度会有所帮助。即使一切看起来黯淡无望,也总有一些光明。身患无法治愈的癌症让我有机会认识了一些非常优秀的人——有终生抗癌的病友,也有来自世界另一端的陌生人。我是否希望自己从没得癌症?那当然了。我能重新审视它,看到它给我的生活带来的积极影响吗?是的。我无法在每一天的每一分钟,在我痛苦的时候以及在我想到离去后会错失什么的时候一直保持乐观,但总的来说我可以。

改为用积极的语言来描述疾病是我重新审视它的一个非常重要的方式,虽然这听上去好像没什么大不了的。我不用"晚期"一词来形容我的癌症,我更喜欢用"不可治愈"这个词,并且有意识地选用该词。我总是纠正那些介绍我患"晚期"肠癌的人,因为这个词强调的是终点,有一种我即将死去的感觉，而"不可治愈"一词则让我觉得这是一个过程，我可以坚持下去。糖尿病不可治愈，心脏病也是，生活中还有许多不可治愈的疾病，但我们已经学会控制这些疾病。我希望有一天癌症也能成为可以控制的疾病。这个简单的措辞上的转变帮助我以一种积极的方式重构思维，给了我希望，反过来对我的精神状况也有益。

充满希望地看待事物实际上比你想象的要重要得多。诺贝尔奖得主、心理学家丹尼尔·卡尼曼做了一个关于人们对医学预后反应的实验。他发现，假如告诉患者术后有90%的存活概率，他们会非常积极乐观。但如果对患者说术后有10%的死亡概率，他们会对这个结果产生非常消极的想法，尽管这两种说法实际上是一回事，它们的意思完全相同。

我收到很多刚被诊断患了癌症的人发来的信息，说他们完全不知所措，生活似乎毫无希望了。和我以前一样，他们经常会问自己还能活多久。有些人还剩几个月，有些人可能还剩几年。无论时间是长是短，都是他们的肿瘤医生根据患有相同疾病和处于同一阶段癌症患者的结果给他们的一个平均值。无论具体数字是多少，他们都会纠结其中，无法跳脱出来，从某种程度上会被这个数字困住。我并不是说从中跳脱出来很容易。假如你刚与医生结束面谈，医生说平均而言你只能再活几年，你可以去化疗，看看后续情况。面对这类信息，如果你的第一反应是想放弃，觉得生命中没有什么牵绊了，你不想经历这一切，这完全可以理解。在这种情况下，你唯一能做的就是重新理解这件事，找到能给自己带来希望的例子。这并不是说只能退一步，寄希望于运气。很多不幸有此遭遇的人寿命都超过了预期，这些人往往非常积极乐观。他们积极地讨论治疗方案，找到适合自己的方案，或者必要时再去向别的专家咨询，有了更多尝试非常规治疗方案的机会。他们会质疑自己走的路，而不是被动地接受命运的安排。

我在Facebook（脸谱网）上参与成立了一个肠癌患者支持小组，该小组现在由英国肠癌协会（Bowel Cancer UK）管理。在新确诊的患者分享他们的故事时，会有许多人站出来说："别担心，当初我被告知不能做手术，但五年过去了，我还活得好好的。"这让他们突然意识到，的确有人活了下来，恢复了健康，或者以可控的方式与疾病共存，存活的时间远超所有人的预期。这给他们带来了希望，鼓励他们更加乐观地坚持下去。

这也是我最初分享自己故事的动机之一。我得了一种非常特殊的肠癌。这种癌症极其罕见，只有大约5%的肠癌患者会发生此种类型的突变——"BRAF突变"。患了BRAF，切勿上网搜索相关信息。在新的靶向治疗方法出来之前，此类突变患者的情况很是可怕，我在全世界范围内找不到一个活过几年的案例，几乎没有任何相关文献可以参阅。被确诊患癌症已经够糟糕的了，更何况还找不到一个积极向上的故事可以激励自己。我唯一的选择是转换思路，于是我想："好吧，我只能做自己的个案研究，想办法超过预期。"

希望在很多方面都不可或缺，它为我们在世上的宝贵时光带来了目标，增添了意义。

当然，事情并非总尽如人意。怀有希望和配合治疗的效果都是有限的，我的身体曾多次试图自杀。即便如此，找到积极的故事，你就可以重新审视自己的处境，获得一点永不屈服的希望，这是你能为自己、为陪伴你旅程的人做的最好的事情。

* * *

自从被确诊以来，我对希望的标准变了。希望不是一成不变的，它会随着你的遭遇和你应对方式的变化而变化。一些人可能只是希望能看到第二天的黎明，希望明天比今天好过些；另一些人则希望能在最短的时间内登顶珠峰。在癌症病房化疗期间，我遇到了一些最为乐观的人。他们可能对自己或自己的结果不抱希望，但至少他们对身后的人希望不灭。

事实是，希望在很多方面都不可或缺，它为我们在世上的宝贵时光带来了目标，增添了意义。没有了希望，我们应对逆境的能力将大大降低，我们的生活质量也会大打折扣。无论你处于什么境况，我认为你都需要寻找希望，紧握希望，培育希望。面对可怕的事情时，这绝对至关重要。假如没有希望，我真的会每日以泪洗面，撑不下去。所以，无论你正面临什么，永远记住，希望能指引你走出困境。

"没有希望地生活等于停止生活。"
——陀思妥耶夫斯基

Chapter 2

第二章

珍惜今天，
因为可能
不会再有明天

How to Live
When You Could Be Dead

当老师的时候，我们每年都会带中学六年级学生[1]去静修。我会跟孩子们开讨论会。他们十七八岁，所以其实也算成年了。我给他们读法国作家马克·利维（Marc Levy）写的一篇关于时间的文章。这篇文章在某些方面有点俗套，但我在十几岁第一次听到时，深受触动。它让读者想象自己有一个银行账户，每天有 86 400 美元的进账，但花不出去的钱每天晚上都会消失，第二天早上又会有同等金额的钱到账。假如你有这样一个账户，你会花光所有钱，不是吗？利维继续解释说，我们确实有这样一个银行账户，只不过每天早上我们收到的是 86 400 秒的时间，而没有使用的时间就永远消

---

[1] 相当于我们的高三学生。——译者注

"不要浪费时间,因为时间是组成生命的材料。"

——本杰明·富兰克林

失了。

  假如当天的存款你没有用完，损失就要由你自己来承担。你既没有回头路可走，也不能预支"明天"。

  这篇文章的中心思想是，我们必须充分利用每天拥有的时间，因为一旦每一秒、每一分钟或每一小时逝去，就再也不会回来了。

  然后，我会给每个学生发一个笔记本，让他们写下自己利用时间的计划。年轻人倾向于认为时间是一种无穷无尽的资源，我这么做是让他们思考时间，考虑自己是否充分有效地利用了时间。我知道我浪费了不少时间，比如沉迷于社交媒体不能自拔。我想我们人人如此，所以希望学生们能认识到这一点，明白珍惜时间和有效地利用时间是一个挑战，也是我们必须好好考虑的问题。

  我们都知道时间宝贵。理性地说，我们都知道时间最终会被我们耗尽。然而不知何故，我们并没有真正意识到它会结束，许多人都没有真正走出青少年时期对时间的认知。我们以为事情可以拖几天再做，或者还可以争取更多时间。但有时明天不会到来。每个人每天都有 86 400 秒的时间，我们以为这些时间会日复一日地持续下去，持续许多许多年。对大多数人来说的确如此，但对我和像我一样的人来说，时间会比想象中更快用尽。我不知道那个时刻何时到来，因此必须活在当下，每一天以积极乐观的心态寻找希望，得到满足，即使是在最黑暗的时刻。

我有幸在《你、我和大C》的一期节目中采访了凯瑟琳·曼尼克斯（Kathryn Mannix），她是一位鼓舞人心的缓和照顾的护士兼作家。她说，我们总以为还有更多时间，但实际上一生中我们有两天看不到完整的24小时：我们出生的那天和死亡的那天。我记得当时自己心想，这真的提醒了人们。许多人认为时钟每天都会24小时为我们嘀嗒作响，但其实我们的时间终有耗尽的一天。

即使发现自己得了癌症，我也还是花了一段时间才明白这句话的含义。在确诊后不久，我在推特（Twitter）上认识了一个人，他几乎与我同时得知自己患了肠癌。这是我第一次真正使用社交媒体，因为作为老师我通常尽量避免使用社交媒体，以免让学生看到不合适的内容。一开始我并不懂怎么用，所以也不确定是怎么认识这个人的。这个人在谈论肠癌，他和我年龄相仿，有两个非常年幼的孩子。我给他发信息打了招呼，说我们好像在经历一样的事。我们交流了各自癌症感染的淋巴结个数和手术情况。接下来收到的消息令当时的我十分震惊：他一直没有离开过医院。他在信息中告诉我，他的身体状况非常糟糕，癌症正在迅速恶化，他马上就要转到临终关怀病房了。八周后，他离开了人世。在被诊断患有癌症两个月后，他就去世了。我记得当时我想："天哪，人们真的会死。"

我们不能把时间视为理所当然的。

我太天真了。我知道自己得了癌症，也知道这个病很严重。从很多统计数据来看，我患的这种病非常可怕。事实上，只要再过几天我就会被告知，我得的是癌症Ⅳ期，关于存活率的数据更为可怕。但是，当时我刚做完一次成功的手术，考虑到我感染的淋巴结数量，医生告诉我，我可能有64%的生存机会。然而，我在社交媒体上认识的那位朋友预后比我好，感染的淋巴结比我少，却离开了人世。我记得当时心想："这是恶性疾病，一切都有可能发生。"这是我第一次在网上与人交流，然后与之告别。它让我意识到这就是我生活的真实世界，它还激励我充分利用余生的时间，因为我现在终于明白自己无异于一个定时炸弹。那种感觉就像脸上挨了一记耳光:"好吧,我现在还没有死,但可能快了。事实就是这样。那么,我该怎么办呢?是坐着哭泣,还是站起来直面这一切?"这成为激励我前行的力量。

然后,到 2022 年 5 月,所有医疗方案都试过了,我猛地意识到,虽然我带着不可治愈的癌症生活了五年多,但我的大限已到:也许我的生命只剩十分钟或一小时了。再也不能说"我明天要做那件事"或者"我明年要做那件事"了,意识到这一点令我心碎。我由此提醒大家,不能把时间视为理所当然的。

* * *

身为教师时,我要兼顾教学工作和烦琐的家庭生活,总是很忙,每天都觉得时间不够用。并非只有我一个人这么觉得。自 20 世纪 60 年代以来,虽然我们的空闲时间有所增加(在某种程度上,每周增加了 5~7 个小时),但一项研究显示,34% 的人始终感到匆忙,61% 的人认为自己没有多余的时间,40% 的人认为时间不够用比手头缺钱的问题更为严重。我们倾向于认为这个问题的解决方案是争取更多时间,或更好地管理时间。我们中的许多人当然可以更有效地利用时间,但事实是，这些都不是缓解我们时间压力的真正解决方案。我认为，真正影响我们幸福的是我们如何感知时间。

心理学家发现，人们通常有五种看待时间的视角：

1. 未来时间观；
2. 享乐主义的现在时间观；
3. 宿命主义的现在时间观；
4. 积极的过去时间观；
5. 消极的过去时间观。

面向未来的人会提前规划，朝着长期目标努力。他们也倾向于延迟满足，认为等待会带来更好的回报。总的来说，面向未来的人往往身体更健康，事业更成功，但他们也可能是工作狂，忽视了人际关系，不必要地剥夺了自己现在就可以享受到的美好事物。

享受当下的人则截然相反，他们活在当下，寻求刺激和兴奋感。他们并不考虑自己行为的后果，因此可能会冒不必要的风险。大多数孩子一开始就是这种享乐主义的现在时间观，但随着年龄的增长，多数人的这种观念会逐渐淡化。那些在成年后依然持享乐主义的现在时间观的人更有可能有成瘾问题。从积极的方面看，持有这种时间观的人对新的体验持开放态度，可以体验到真正的刺激，尽管之后可能会急剧跌入低谷。

持宿命主义的现在时间观的人也活在当下，不过他们往往认为生活被无法控制的力量左右，因此感到无助和无望。虽然怀疑和克制（也是持这种时间观的人的一个特点）有时可能有益，但消极的心态并没有什么好处。

消极的过去时间观同样也是一种有害的时间观。倾向于持该观点的人可能会发现自己被过去所困扰，总是沉浸在过去的伤痛和糟糕的经历中。

另一方面，持积极的过去时间观的人对过去充满留恋，这让他们更有可能重视长久以来的朋友和家人。在五种类型中持这种时间观的人往往自尊心最强，个人生活也更成功、更令人满意。然而，对过去过于伤感或留恋会导致过度保守和谨慎，让人不接受新事物，渴望保持现状，即使这样对他们不利。

听起来有没有哪一种和你的观念相符？尽管一生中我们的时间观会发生变化，但在某个特定时期，总有一种占主导地位，而且会持续很长时间。回想起来，我发现我在人生的不同阶段都有相当明确的时间观。在还未开始教学生涯的青春期，我是一个享受当下论者，生活的主要目标就是开心地玩。之后我成了一名教师，找到了一份热爱的工作，我全身心投入其中，开始有了更面向未来的视角——也可以说我有点工作狂，有时会忽略人际关系。等我被确诊得了癌症，我的时间观又开始变化，积极的过去观占了上风，我意识到生命中最重要的是我爱的人。

虽然对过去、现在和未来的积极看法有明显的好处，但每种时间观都有其各自的代价，因此必须好好考虑如何看待时间，思考你与时间的关系，努力找到平衡。假如你像我以前那样长时间工作，追求下一次晋升，那你应该时不时地休息一下，花时间陪陪你爱的人。如果你一拿到工资就出去玩，把钱全部花光，那就考虑存些钱以备不时之需。要是你对过去秉持过于浪漫的看法，也许可以尝试敞开心扉去认识新朋友，体验一些不一样的东西，你可能会惊讶于自己是多么享受改变。关键是要灵活，要根据情况采取适当的时间观。假如能做到这一点，你就更有可能平衡好工作与生活，从整体上提高幸福感。

我意识到生命中最重要的是我爱的人。

当然,"平衡"是主观的,对一个人有效的东西不一定对另一个人有效。有些人确实从工作和家庭生活明确分开中受益,而另一些人如果在周末不查看工作邮件,可能会觉得压力更大。找到适合你的方法,并时不时花时间思考一下,你的生活是否被某种时间观支配得太久了。

* * *

我现在拥有的时间不像我在2016年时认为的那么充裕了,时间所剩无几这个事实对我制定的每一个目标(下一章会详细说明)以及我如何度过每一天都有影响。假如你的明天有限,你会在日常生活中做出哪些改变?也许你不喜欢过多考虑自己还有多少个明天(我不怪你,这不是件令人愉快的事)。但是,你要是觉得还有的是时间,于是拖延着不去追求你的目标,不去做对你真正有意义的事,你就会活得好像死亡这件事不存在一样——这对我们任何人来说都是不可能的。

我之前提到,蕾切尔·布兰德和我在同一时间被确诊了癌症。我们一起做播客。假如癌症是过山车,我们就是坐过山车的乘客,一起经历病情的起起落落,包括凌晨3点的绝望和恐惧。但她的恐惧比我的更早成为现实。从理论上讲,她现在应该还好好活着,而我才是那个离开的人。统计数据告诉她,她有80%的生存概率,而我的五年存活率只有8%。

令我伤心的是,随着时间的推移,许多朋友被癌症夺走了生命,其中一些还是我非常非常亲密的朋友。我觉得社交媒体很神奇,不过我学会了更慎重地对待网上交的朋友。我现在知道,有成千上万的人患有肠癌并死于肠癌。而且不仅仅是肠癌,患各种癌症的人都有很多。社交媒体只向你推送癌症患者的相关动态,这可能很危险,因为一不小心你就可能被令人难以置信的黑暗吞噬。这就是我为什么要尽可能地在网上寻找鼓舞人心和积极向上的故事。

与此同时我也意识到,太多我在社交媒体上认识或联系过的人只想再多活一天,我活着的动力与他们相似。我们都不知道人生到底还剩下多少时间。没有什么是一成不变的,人生中也没有什么是可以预测的。

这种认识往往是随着年岁渐长而获得的智慧。随着年龄的增长,我们越来越意识到自己终有一死,我们的人生观也随之改变。婴儿时期,从我们何时说出第一句话,到何时有协调性和足够的力量迈出第一步,这样按时间维度衡量身心发展水平很实用。随着我们从童年步入成年，大量的变量决定了人的发展，年龄就不再是准确衡量我们能力的标准。年龄依然是一般生活经验的一个粗略指标，只不过它越来越不能说明问题。

斯坦福大学心理学家劳拉·卡斯滕森（Laura Carstensen）研究发现，比起我们的真实年龄，我们对自己还剩多少时间的感知更能反映出我们的行为方式和最看重的事情。年轻的时候，我们大多数人都觉得自己的寿命处于平均水平——在英国，这个数字是 81 岁。这种关于我们还剩多少时间的认识对我们如何对待生活有着深刻影响。显然也有极端的例外情况，不过总体上年轻人往往不会过多地考虑时间的流逝，因此更愿意接受新体验，结交更多新朋友，获得更多新知识，而老年人则更看重身体健康以及更深入、更有意义的人际关系和追求。上了年纪后，我们做的事可能比以前少了，社交圈子也变小了，但我们从这些事情中获得的满足感比忙于学习新事物、拓宽视野的年轻人要强。据说年轻人和老年人的总体幸福水平大致相同，这一理论在一定程度上解释了原因。

虽然这个过程是随着我们年龄的增长自然而然发生的，但卡斯滕森表明，假如我们对生命的脆弱有更清醒的认识，无论年龄大小，我们的生活重心都会发生转变。患癌之后，我的生活重心彻底变了。好好生活，与我所爱的人建立更有意义的关系，成了最重要的事。不过我希望自己在这个灾难性事件发生之前就能有这种认知。假如可以的话，请经常提醒自己时间是有限的，你永远不知道明天会发生什么。意识到时间宝贵，是我们在此刻能过上更充实、更有意义的生活的根本。

在人生的各个阶段，我们都有可能遭遇可怕的或意想不到的事情，被打个措手不及，比如丢了房子或工作、身患绝症或失去亲人。陷入人生困境时，我们唯一能做的就是教自己如何安然度过——去改变、去适应、去生存，甚至在黑暗中微笑。

虽然确诊癌症对我来说不啻一场地震般的灾难性转变，但它并不是我经历的唯一重大的人生转折。24岁时我发现自己怀上了现在已是少年的儿子雨果，这是发生在我身上最美好的事情之一，却让我彻底乱了阵脚，因为我从没打算在这个年纪成为母亲。此外，20年前我17岁的表妹在一场车祸中丧生，与她告别也是我未曾料到的。还有新冠疫情。但我都走过来了，每一次经历都让我变得更强大，这归功于我不断的自我反思以及我在一路上已经做出并将继续做的牺牲和选择。

随着病情发展，我希望几个月能变成六个月，然而一切都很难说。2022年1月，我以为自己活不到5月了，但我还活着，尽管大部分时间是在病房里度过的。我必须学会在所剩无几的时间里生活，而不仅仅是等待死亡。这真的很难，因为你需要体验生活，才能有动力渴望生活，连续几周被困在医院病房里，真的会挫伤士气，消耗你对活下去的热情。不过我总是试图创造一个良性而不是恶性循环，包括珍惜剩下的时间，直到最后几天、几分和几秒。

我必须学会在所剩无几的时间里生活，而不仅仅是等待死亡。

这就是我在患病后，尤其是在明白时间所剩无几后，努力创造回忆的原因。当然，自从被确诊以来，我做了很多了不起的事，从上电视、写专栏、做播客，到跑伦敦马拉松、去切尔西花展看以我的名字命名的一朵玫瑰花。但对我来说，创造与家人、朋友们共度时光的记忆才是最重要的。我新认识了蕾切尔·布兰德和加比·罗丝琳等朋友，与老朋友的关系也更亲密了。

在我转到父母家进行临终关怀后,有一段记忆尤为深刻。在那里待了大约一个月后,我越来越嗜睡,体力渐渐不支,无法出门,甚至无法下床。我的情绪很低落,所以姐姐莎拉建议我们全家人一起过夜。我感到心力交瘁,不确定能否撑下来,但是当他们用轮椅推着我走进房间后,我看到圆锥形帐篷、小彩灯和装饰品,流下了泪水。家里的女孩们(还有我弟弟本,他在那天晚上也有幸充当了一次女孩)依偎在靠垫上,盖着毯子,和我一起看《灰姑娘》,我感觉仿佛又回到了 5 岁的时候。我的脸上露出了笑容——柴郡猫(Cheshire cat)[1]式笑容。我知道这将是一段我们都会珍惜的回忆,尤其是对我妈妈、弟弟和姐姐以及我的女儿埃洛伊丝而言。午夜过后,我带着新制造的记忆微笑着入睡。

在我看来,制造这样的情景不仅能帮助你挺过艰难时日,也能给你身后的人留下回忆。我们应该尽可能投入更多时间去做这样的事。这是我知道的充分利用每一天的最佳方式。

---

[1] 柴郡猫是《爱丽丝漫游奇境记》里的一个角色,形象是一只咧着嘴笑的猫,能凭空出现或消失,甚至在它消失后,它的笑容还留在半空中。——译者注

***

从我记事起,每年12月我都会写一份清单,列出那一年我个人取得的所有成就以及我想实现的目标。年复一年,无一例外。清单上的目标包括:

- 参加伦敦马拉松。
- 买一套新房子(或其他我目前买不起的东西)。
- 自己动手做一个不太可能做出来的东西。
- 每周去健身房五次。
- 到年底存下有具体金额的一笔钱。
- 去一个遥远的地方度假。
- 培养一个永远不可能实现的爱好——无论是成为烹饪高手、学习缝纫还是去上交谊舞课或摄影课。

虽然写下了这些目标,但除了跑伦敦马拉松,我从未真正实现过其他任何一个目标。因为我没有制订如何实现它们的计划,也没有给自己设定一个时间范围(这一点我们将在下一章详细讨论)。我没有真正的紧迫感,因为时间似乎永无尽头,清单上的所有目标都可以推迟到明年去实现。

我最大的动力就是要充分利用我所拥有的时间。

你需要将每天拥有的 86 400 秒中的一部分花在去实现想要的生活上,因为一旦它们消失,就再也不会回来了。我在本章开头引用马克·利维的文章时提到,你不可能把一天的时间"存起来"留到第二天再用,所以不妨开始更好地利用每一天。我坚信,提醒自己怀着积极乐观的心态和希望去展望未来很重要,然而珍惜当下也同样重要。情况和生活重心都在不断地变化,要学会珍惜时间,意识到时间是多么宝贵。你可以珍惜过去,享受当下,同时好好规划未来。

自从确诊以来,我最大的动力就是要充分利用我所拥有的时间。我不知道时间账户何时会注销,因此必须将这些时间投入到最渴望的事情——好好活着——上。我把时间花在关注身体健康、保持心情愉悦和营造积极心态上。为了我自己和我爱的人,我必须充分过好每一天。

Chapter 3

第三章

设定目标，掌控人生的航向

1996 年，在中学的最后一个学期，我和朋友用从我们父母那里借来的便携式摄像机录了一段视频。我们打算说出自己的计划和目标，然后在 30 岁时再回看这段视频，看看我们离 16 岁的自己认定的成功和幸福有多远。

　　我 16 岁时的人生目标是嫁给当时的男朋友保罗。我打算生三个孩子，过上"美好"生活。就是这样。我的全部愿望和目标就是结婚、生孩子和过上"美好"生活，完全不涉及工作、事业、学习、旅行以及去我的小世界之外闯荡。

　　为什么我的目标如此狭隘？可能是因为我的父母把我保护得很好，我没有受过这个糟糕的世界的伤害。我几乎没吃过苦，也没有受过什么创伤。我当时最大的烦恼就是恋爱，还有职业顾问说我考上大学的可能性不大，我要向她证明她

"如果你想快乐,就设定一个目标,让它引领你的思想,释放你的能量,激发你的希望。"

——安德鲁·卡内基

错了。我的人生阅历很浅，因此我还没有形成更全面的目标规划。

真希望过去我思考过，有些东西可能会从我身边被夺走，未来对我们每个人来说都是不确定的。

而我的孩子们大部分时间都和患癌症的我一起度过。我十几岁的女儿埃洛伊丝的目标五花八门。她想成为时装设计师、艺术家、主持人、厨师、室内设计师或派对策划人。要是我问她，她的目标中有没有结婚或者生孩子，她会皱起美丽的小脸看着我，好像我说的是外语。我钦佩她渴望取得各种成就的雄心壮志，也希望在我还是一个憧憬未来的无助少女时，有她做我的朋友。埃洛伊丝渴望新的经历，渴望活出精彩人生，因为她知道生活并不总是按照预期发展。她非常清楚，人生苦短，充满变数，因此对生活充满热情。

回顾年轻时天真的自己，我真希望以前的自己更有野心，怀抱更远大的梦想。我希望自己考虑过一些能激励我向前或者更具挑战性的目标。真希望过去我思考过——哪怕有一瞬间——有些东西可能会从我身边被夺走，未来对我们每个人来说都是不确定的。

20多岁时，我意识到自己想要成为一名教育工作者。上学时我从不认真对待学业，所以教书成为我的职业理想似乎有点讽刺，但我当时很确定，这个职业适合我。就像我在他们这个年纪时一样，一些学生还在努力探索自己的人生道路。有机会塑造、影响学生真是一种荣幸，我全身心投入其中。我想改变世界，从一次改变一个学生开始。我想向年轻人证明，他们可以有摘星揽月的雄心壮志。

有了强烈的目标感以及进一步推进教学生涯的雄心后，我变得非常擅长制订战略规划，开始将宏大目标拆解为可实现的小任务，制订五年期的发展计划，设定里程碑。我从一个不谙世事、在父母的羽翼下生活的16岁孩子，成长为一个对生活和工作有规划的人。我在30岁时当上了副校长。其实我本想成为全国最年轻的校长，后来意识到有人已经抢先一步做到了，于是我决定要在35岁时成为校长。尽管校长的平均年龄有下降的趋势，但以现在的标准来看，这个年龄仍然相当年轻。回想过去，我意识到我的生活有时可能太过于程式化，每件事都是提前一年规划好的，这意味着有时我不知道如何灵活变通。

我朝着在40岁之前成为校长的目标而奋进，这既是我自己的抱负，也是学生们的愿望。设定目标的益处越来越显著。然后我被诊断患了癌症，毋庸置疑，我几乎被打了个措手不及。我以为自己十分积极乐观，但还是没有准备好迎接这个突如其来的巨大挑战。我曾那么擅长做规划，能够说："对，接下来我就要干这个。"我热爱工作，想干出一番成绩，因此一直在努力实现职业目标。但现在看来，往好了说我近期的职业规划无法实现了，往坏了说我的未来都失去了希望。

在确诊后不久，我意识到自己无法兼顾治疗和教学，因此只能放弃我精心规划并为之努力的事业，这对我来说是一个异常艰难的挑战。我不仅因身患癌症而悲伤，还为失去我赖以定义自己价值的事业而伤心。一开始我没有意识到，我不仅职业生涯走到了尽头，还失去了因教书而产生的归属感。我当然也有很多教育领域之外的朋友，但失去与同行的交流仍是一个巨大损失。我习惯了每天在一个熟悉的环境中跟一些人见面，他们支持我，与他们相处像在家里一样自在。

一开始，我如同坠入地狱一般，不知道该怎么办，也不知道如何消化发生在自己身上的事。生命中许多我珍视的东西似乎都在离我远去：我的工作、我的青春和我的健康。我情绪低落，根本下不了床。大概在我被确诊三个月后，我妈妈和一个好朋友对我说，我必须从床上起来，因为我身上很难闻。她们说我该去洗个澡，洗完了可以再回到床上，但我必须先动起来。

我不仅因身患癌症而悲伤，还为失去我赖以定义自己价值的事业而伤心。

我不知道该如何应对新的现实。一开始我感到难以置信，完全迷失了方向。我无法若无其事地说："哦，是的，我知道，我要坚强乐观，一切都会好起来。"我感到迷茫和无助，必须找到新的使命和目标，但首先我必须想办法从床上爬起来，整理思绪，好好度过接下来的每一天。

对我来说，要想始终积极乐观地面对癌症，关键在于找到新的目标。人们常说："这个嘛，你有孩子，就有目标。"我的孩子当然给了我生活的目标，他们是我的一切。但我一直也很看重事业，还有其他很多我在乎的东西。正是因为我把大量精力和情感投入到照顾孩子上，当想到有一天癌症会夺走我陪伴他们的时间，我才更心痛。我还需要一些只属于自己的东西，但这并不意味着我对孩子们的爱会减少。此外，他们年龄越来越大，不像以前那样需要我了，或者说，他们需要我的方式变了。因此，找到新的目标，就是找到生活中除家人外能激励我继续前行的东西。

一开始我并不知道该树立什么目标，后来我明白了，我应该分享我的故事。之前我从没有真正写过什么东西，但那时我决定开始写博客。我决定每周写一篇，这样我就会有一种精心安排生活的感觉。我猜自己每周一的心理活动都是这样的："周一该干点什么呢？我打算写博客。周一就这样安排吧。太好了。"这就是寻找目标、帮助我重新站起来的方法。

从写博客开始，事情一发不可收，新的机会出现了，我抓住了它。在我为之努力多年的教学事业被迫终结后，它填补了我生命中巨大的空白。除了活下去，它让我有了新的目标，而如果我心里只有癌症，很容易变得心灰意冷。正是通过博客，我才有机会为《太阳报》撰写专栏，与蕾切尔·布兰德和劳伦·马洪（Lauren Mahon）一起主持播客《你，我和大C》，还出版了我的第一本书《去你的癌症》(*F*** You Cancer*)。这些事我当老师时想都不敢想。

像我一样，找到你的使命，它会帮助你掌控人生方向，驶上正确的道路，确保你朝着理想的目标迈进。使命有助于你确立目标，反过来又能帮你搞清楚什么对你来说最重要，帮助你定义你是谁，为你的生活增添意义。事实上，你的目标与你看重的事越一致，你就越有可能致力于实现它们，并从中得到更大的满足。因此，一定要设定对你来说很重要且有机会实现的目标。

* * *

虽然短期内我不会制订什么十年计划，但在我确诊患癌并重新站稳脚跟后，我就开始制定长期目标，而不仅仅专注于挺过每一次治疗，维持生命。我的目标有大有小。例如，我成功做出一份美味的约克郡布丁；我还整理了一下衣橱——说实话，这个不太顺利！在确诊后不久，我做了一个重要决定，那就是要活在当下。在患癌之前，我从不曾像现在这样关注当下。我决定以此为目标，并意识到我必须投入时间，立即着手。从那以后，我每天都在为之而努力。

写博客帮我找到人生目标，并帮助我重新站起来。

举一些专注于当下的小例子：吃饭时不把手机带到餐桌上，和孩子们看电影时不浏览社交媒体推送的动态消息。更笼统地说，这意味着凡事家人优先。在我还是一个忙碌的职场妈妈，急于将所有事情都塞进满满当当的时间表里时，我没能做到这些。疾病夺走了我很多东西，但现在我可以非常坦诚地说，它也给我带来了很多东西，更重视活在当下就是其一。虽然听起来可能很奇怪，但在某些方面我很感谢疾病。

当然了，如果能再拥有一个长期未来，我愿意放弃这一切。我愿意付出任何代价，去实现我的目标，成为一名校长，在这个国家的教育体系留下我的印记。但那个目标已经离我远去，我不得不进行调整，制订新计划，找到新抱负。这并不容易，但我（在很大程度上）能够重新审视自己的处境，将癌症视为一个开启其他事业的机会。我寻求的不是失败和伤感，而是机会和潜力，我要充分利用手头拥有的生命。

面对不可治愈的癌症，继续制定目标赋予了我使命感和动力，让我感觉好像能掌控自己的处境，而不是坐以待毙。我相信，不管在生活中遇到什么情况，也不管可能面临什么挑战，制定目标对我们所有人都有帮助。

我知道，我可能是在劝和尚出家，多此一举。大多数人一直都有设定目标的习惯，但是在我被确诊之后，目标在我的生活中变得无比重要。必须强调一点：在发生了糟心事时，在事情没有按计划进行时，目标将变得尤为重要。

正是在这些时刻，设定目标的真正好处才显现出来。首先，设定目标可以源源不断地提供动力，让我们在遇到困难时能保持前进的势头，积极乐观地看待未来。如果我只是追求生命的终结，那将多么令人沮丧！即使在健康状况最糟糕的时候，我依然尽量保持忙碌状态，制订各项计划，从推进能提高人们对肠癌的认识的项目，到在我弟弟本终于向女朋友阿什利求婚后帮他们筹备婚礼（如果你平时看我的播客节目，就会知道开弟弟的玩笑占了其中很大比重！）。

我的目标就像是一个路线图，让我挺过艰难的日子，指引我向前迈进，在确定我的价值观和信念、为我的人生赋予意义方面发挥着重要作用。当我身处最低谷，连续几周困在医院病床上时，有可以为之努力的目标能在一定程度上治愈我。我与时尚品牌 In The Style 推出的服装系列是一个很好的例子。2022 年 5 月，我的"永不屈服的希望"T恤发布，然后相继推出了整个系列，这些美丽的连衣裙、短裙、上衣上印着代表英国美好夏日的颜色和图案，它们让我备受鼓舞。从选择面料、图案和款式，到确保每件衣服都让人惊艳，我非常享受参与其中的每个环节。经过精心规划和努力后，看到目标得以实现，就像给我的自信心打了一剂肾上腺素。

制定目标还能帮助你分清轻重缓急，确定哪些事情对你更重要，也能让你更务实地明白哪些事需要优先处理。此外，还有其他实际好处。如果你正朝一个明确的目标努力，你就更有可能为之不懈奋斗，遇到困难时也不会放弃。制定目标也会让你负起责任，最重要的是对自己负责。每当一年过去，如果哪个目标没有实现，我就会对自己感到失望。拥有整洁有序的衣橱这个目标似乎并不那么重要，但假如某个目标对你来说意义重大，而你并没有努力去实现它，那么就必须进行复盘，看看你需要做出哪些改变。

我的目标就像是一个路线图，让我挺过艰难的日子。

假如你刚刚经历了改变人生的重大事件，你自然会回顾一下以前是怎么做的，再去规划接下来该如何应对。毕竟，"致命打击"为数不多的一个好处是，它可以把你从日常生活中猛地拉出来，迫使你后退一步，看得更长远。亲人离世、失去工作或患重大疾病都会促使我们回顾迄今为止走过的人生之路，也许还会改变未来的方向。不过我也相信，不必非要等到重大灾难降临才重新审视目标，你可以在各种契机下调整目标——也许你迎来了一个里程碑式的生日，也许你看到某个朋友做出了重大的人生改变，又或者在一个普通的星期二,你开始阅读这本书……

无论出于何种目的,都应该问一问自己的人生目标是什么。我的目标会变,但鉴于我的情况,我的主要目标一直是活着。不过,任何目标都不是那么好实现的。况且实际上,我想要的还不只是活下去,我还想好好活着。我们所有人都一样,对吧?没有人只想过一天算一天,即使有时人生艰难,我们暂时不得不这样生活。我们都想过上让自己快乐和满足的生活。那种生活是什么样子的?"好好活着"对你来说意味着什么?

假如目标会把我们引向一个我们不想去的方向,或者这个目标根本无法给我们动力(就像我16岁时的目标一样),那么设定目标就毫无意义。同样地,要是你现在的目标不能激励你,那么它们可能不适合你。在大多数情况下,目标应该有其意义,即使只对你有意义。同样值得一提的是,某些情况下,设定目标可能会有弊端,比如当未能实现目标会带来惩罚或产生其他负面后果时。假如别人——比如你的老板——强加给你一个无法实现的目标,就会给你带来巨大的压力和焦虑,因此在工作中协商目标很重要。目标关乎个人时,我们要完全认同这一目标。任何让你承受不必要的失败的目标都不要接受。

当然了，无论是否有意，我们都会为自己设定目标。我们希望将来发生的大多数事情在本质上都是目标。而对未来抱有空想，远不如积极地制定和完善目标有效。被确诊癌症后，我对此有了更深刻的认识。虽然患癌之后能做的事有限，但我还是想尽力感受到自己对命运的掌控。设定目标显然很有助益，它能指引我前进的方向。我没有任事情顺其自然，也没有盲目接受命运的安排，而是重新掌握主动权，采取行动克服挑战。但是，我想活下去这个目标还不够具体。我需要可以实现的目标，帮助我尽可能活得更长久、更健康、更快乐。

怎样才能把想在未来实现的想法，比如想活下去，转化成一个大的目标呢？我们又如何知道自己的目标正朝着正确的方向发展呢？要判断目标是否合理，是否该制定新的目标，有个办法是思考一下你现在的生活，想想你最希望做出什么改变。不一定是什么翻天覆地的重大转变，也不一定是将你当前的生活来一个180度大转弯。任何对你有意义的目标都很重要，即使它不能改变世界也没有关系。也许你想转变工作方式，改善人际关系；也许你觉得自己的声音不够响亮，想纠正这一点；也许你总是很自责，不愿意再这样下去了；也许你想在圣诞节到来前变得更健康，想多吃水果和蔬菜，少吃红肉，或者在工作日少喝酒。想到什么就列一个清单，列出与你目前最渴望的东西相关的目标，不管大小。做这件事的时候，思考以下三个关键问题：

1. 这个目标对你来说有多重要？
2. 你对实现目标有多大信心？
3. 这个目标与你的价值观和信念在多大程度上是一致的？

要考虑清楚这些问题。你决定列入清单的目标可以是需要一步一步努力去实现的大目标，也可以是具体的小目标——生活中这两种目标都很重要。对我来说，小目标是下一个化疗周期时不会惊恐发作，或者每天喝一杯果蔬奶昔。完成具体的小目标有助于实现宏观大目标——对我来说就是活着。你的小目标是什么？它们引领你去实现的大目标又是什么？

还有一个方法可以检验你写下的目标是否合适，那就是应用"三个 E"原则。你的目标应该给予你：

1. 启迪（enlighten）：揭示你的优点和缺点以及

你想实现的目标，帮助你分清轻重缓急。

2. 鼓励（encourage）：给你动力，增强你的信心，让你有执行计划的勇气。

3. 促成（enable）：帮助你培养技能，提高工作效率，协助你实施计划。

过去你可能听到有人建议说，实现目标需要先把目标写下来。这些人经常引用一项著名的心理学研究来说明写下目标的积极作用。有人说这项研究是在哈佛大学进行的，也有人说是在耶鲁大学进行的。该研究发现，3%的本科生为自己的未来列出了目标清单，20年后他们的收入惊人地比其他同学高出10倍。这项研究的唯一问题是它根本不存在。

发现这项经常被引用的研究是捏造的之后，研究人员盖尔·马修斯（Gail Matthews）决定对写下目标是否有效进行验证。她开展了一项研究，将参与者分成五组，要求每一组比上一组多做一件事来实现目标。第一组只需要思考一下未来四周他们想达成的目标。第二组也一样，但必须把他们的目标写下来。第三组在此基础上还必须提出实现目标的具体方法，马修斯称之为"行动承诺"（action commitments）。第四组还要与支持他们的朋友分享自己写下来的目标和行动承诺。第五组必须完成以上全部任务，同时每周向支持他们的朋友汇报进度。

研究结果很明确：目标越具体、可操作性越强，参与者越投入、越负责，他们在四周内取得的成果就越多。事实上，每个小组都比前一组取得了更多成果，这证明列出目标清单绝对是值得的。但只有遵循第五组的行动方案，采取实际行动，满怀热忱，目标才能实现。

另一个确保你能完成目标的好方法是采用SMART原则进行检查。你以前可能接触过这个概念，尤其是在工作场所。它最初来自管理理论，听起来可能非常枯燥乏味，但实际上它的适用范围很广。我一直在生活中使用这一原则，无论是患癌前还是患癌后。它有助于你提炼出真正想要的东西，集中全力去实现它。想想你在不久的将来想做的事情，看看它是否符合以下五个原则。

1. 明确性（Specific）：假如目标过于模糊，就很难将实现目标的步骤落实到位。与其说"我想成功"，不如说你想在哪个方面成功。

2. 可衡量性（Measurable）：你需要知道自己是否已经达成目标，并且能够跟踪记录你在整个过程中的进步。那么，成功的结果究竟是什么样子的呢？

3. 可实现性（Achievable）：你的目标越有挑战性，你从中的收获就越大。不过它也不能太难，难到无法实现的地步，那将会多么令人沮丧啊！比如我不可能打破马拉松世界纪录，所以把它作为我的目标没有意义。

4. 现实性（Realistic）：目标不仅要有可实现性，还需要受到现实条件的制约。换句话说，它需要在你的能力范围之内，最好能让你发挥自己的优势。如果你现在没有办法抽出时间投入到想达成的目标上，那么也许你需要重新评估目标。

5. 适时性（Timely）：它可以指实现某个特定目标的时机已经成熟，也可以指在这个时间范围内可以达成目标。

我的主要目标是活着，将 SMART 原则应用于我的目标时，情况如下：

明确性：非常明确！继续呼吸，继续一步一个脚印向前走,当一切变得难以承受时,要挣扎着爬起来。

可衡量性:我的每一天、每个星期、每个月都有要实现的目标。我有要去完成的工作项目,有赶在最后期限前要完成的工作,还要录制播客和访谈节目。我在任何特定时间的健康状况都可以监测和量化。

可实现性:目前而言可以实现,但是否一直如此,就不是我能掌控的了。

现实性:是,也不是。面对不治之症,你可能会说这个目标不现实,不过我可以做一些事情来增加我的存活概率,比如锻炼、健康饮食和全面接受治疗。

适时性:是的,我现在需要这个。

如果我已经说服你将自己的目标列成一个清单,那么花几分钟时间看看,用上面的 SMART 原则问问自己,这些目标是否明智。比如,假如你的目标是学习一门外语,那么你能在一周中挤出足够多的时间来实现它吗?想去健身这个目标是否足够具体?你是否正在努力备战某项比赛?你想跑多远的距离以及想在多长时间内完成?设定一个可实现的、激动人心的目标本身就是一种技能。判断自己设定的目标是否正确最难。假如你想取得波士顿马拉松的参赛资格,可你的跑步时长比参赛标准多 13 分钟,你是该紧抓这个目标不放,达不到目标就觉得自己是个失败者,还是应该换一个更现实、更有可能实现的目标?这个问题不太好回答,因此你可以先把问题细化:你做了多少训练?到目前为止取得了多少进展?接下来还有多少准备时间?你有没有机会进行更多训练,从而在有限的时间内取得足够的进步,以达到参赛标准?你现在还想参赛吗?坐下来想象一下,你在跑波士顿马拉松时,是感到快乐和满足,觉得额外的训练都是值得的,还是会感到疲惫,压力很大?如果是后者,也许你的跑步用时反映了一个事实:你做的训练比预计的少,那是因为你并不真心喜欢它。回答了这些问题后,假如你的结论是这个目标可以实现,而且哪怕困难再多你也想去挑战,那它就值得追求。

设定或重新调整目标之后,你会感到兴奋(希望如此!),也有了开始行动的动力,不过要记住不要一上来就用力过猛。假如设定太多目标,你很容易会被压得喘不过气来,甚至不等行动就放弃了。一开始要少列目标。如果设定更具体明确的目标对你来说很新鲜,那么一开始专注于短期目标可能更符合常理。一旦你实现了这些目标,从频繁的成功中获得了成就感，你就会更乐于继续设定目标，包括长期目标。

最后，尽可能用积极的表达方式设定目标。与其说你想减肥，不如说你想多加锻炼，吃得更健康。目标应该是令你充满干劲，乐意为之努力的积极事物，它不是一种惩罚，也不是在别人的影响下你觉得自己应该做的事情。

目标应该是令你充满干劲，乐意为之努力的积极事物。

* * *

只有 20% 的人会把新年计划坚持到 2 月份。原因何在？因为这种类型的决心往往不会使人取得成功。上一次你的新年计划得以实现是在什么时候？在英国，数百万人在新年这一天早上醒来，下定决心要少饮酒。但"少饮酒"究竟意味着什么？应该采取哪些具体措施来实现这一目标呢？

当你给自己设定了一个目标之后，无论你许下多少愿望，都不会使其成为现实，除非你开始付诸行动。在课堂上，学生要是做错了什么事，好的老师不会让他们一遍又一遍地重复这个错误。我们鼓励学生们花时间问问朋友，回顾自己是怎么做的，看看究竟哪里出了错。换句话说，我们会让他们采取许多小步骤，一步步为成功做好准备。

我多次看到，获得他人信任更容易助长年轻人的自信。作为成年人，我们知道自信是成功的巨大驱动力。成年后不会有老师来告诉我们，我们将会取得优异成绩，因此我们必须为自己加油。我们必须相信自己，设定足够高的目标，让它既有价值，又立足现实，有实现的可能。

所以不要满足于已取得的成绩。不要做那种坐等观望，而不去积极采取行动来实现目标的人。不要以为你有的是时间，因为实际上可能并非如此。要有紧迫感，尽快行动起来。为了实现目标而制订的计划只有在执行时才有用。不要只把目标看成你想在某个特定时刻达成的东西。假如目标对你来说足够重要，它们就应该成为你日常生活中的一部分。你打算如何实现它们？在整个过程中你会采取什么行动？如何为它们腾出时间？从今天开始，带着紧迫感，让自己走向成功。这就是我一直努力在做的，尤其是在最艰难的时候。发现癌症无法治愈时，我几乎对未来灰心，但继续评估目标、制定新的目标给了我使命感和努力的方向。无论是在早期的博客中，还是在后来的报纸专栏以及在媒体上亮相时，我都努力传播关于肠癌的知识。反过来，这也让我得以好好活着，过着有趣有爱的幸福生活。

Chapter 4

第四章

庆祝
每一个小里程碑，
找回前进的动力

How to Live
When You Could Be Dead

当老师的那些年里，我的时间是以小时为单位安排的，我不能自主决定一天的生活。教学工作不能随意更改时间，我也不能干脆不露面。老师不能因为不想上课或某个知识点讲授超时而擅自调课。你必须到教室，如果不露面，或者没有规划好课程，班上的 30 个孩子马上就会乱套。教学对我来说责任重大，但我真的很喜欢教学，它也为我的生活建立了秩序。

在我朝着成为一名校长的目标而努力时，学校的工作安排将我的教学生活划分为一个个阶段：学期和假期安排让我的生活有了一个可预测的蓝图，每年的考试成绩告诉我我做得如何，让我有机会停下来反思，真正向前迈进，永远精益求精。考试成绩是公开的证明，有些兴奋的父母会写信给

"合理生活的最有效方法是每天早上为自己的一天制订一个计划,每天晚上检查所取得的成果。"

——亚历克西·卡雷尔

我，告诉我孩子取得好成绩他们多么高兴，还有一些家长则会为他们的孩子不得不进行补考而感到沮丧。当这一切都被夺走时，我深受打击，不得不重新审视许多事情。

当我被诊断患了癌症，不能继续工作时，我失去了每天早上从床上爬起来的动力。几年以来，我看到的只是自己失败的人生以及以前的事业留下的一大片虚空。这真的令人痛苦。事实上，假如无事可做，我就不会起床。在患癌症之前，即使生病我也会马不停蹄地继续做事。与许多一心扑在事业上的人一样，我觉得自己没有权利说："我今天过得很糟糕。我干不下去了。"

因此，在被确诊患癌后，我的主要应对方式就是让自己忙起来，这也就不足为奇了。建立新的生活秩序来帮助我实现个人目标（就像我们在前一章讨论的那样），对我在确诊后重新振作起来至关重要。我知道这可能不是最好的方法，甚至可能也并不适用于每个人，但我觉得这个策略可以帮助身处逆境中的人。方法很简单，可以从每天计划做一件事开始，即使只是说："我今天下午要出去散步。"我发现，每天都在同一时间做计划也有益处。假如你去做心理咨询，咨询师会要求你在每周固定时间去，这是因为他们想通过重建生活秩序为你的生活带来改变。

建立新的生活秩序，对我重新振作起来至关重要。

身体状态足够好时，我的日程非常简单。我绝对不是一个喜欢早起的人，但我会强迫自己起床，做些运动，然后吃早餐。有时我并不知道接下来做什么，但这三件事是我必须建立的新生活秩序的基石。听上去可能没什么大不了的，但它让我的一天有了重心，帮助我积极地开始新的一天，然后继续前进。我知道它真的让我重新振作起来了。当然，有些人觉得日复一日按部就班的生活太过无趣，很难坚持，但作为克服困境的第一步，它大有裨益。

我也认识到，假如没有任何外力促使你去做某件事，你很难在生活中建立新秩序。要是某个周末没有其他事情要做，有时候我会到中午才从床上爬起来，挪到沙发上，直到睡觉时才从沙发上离开。虽然有时的确需要给自己充电，让自己放松一下，但大多数时候我觉得这样无所事事只会让自己感觉很糟糕，因为觉得自己不是在前进，而是在倒退。

当然了，如果你真的需要休息，强迫自己完成日常活动只会让你感觉更糟，那么你就需要听从身体的召唤。有意思的是，我要是在社交媒体上发动态说我出去散步了，很多人会祝贺我行动起来了，但也有很多人让我好好休息。我逐渐意识到，这是人们将自己的情况投射到了我身上。不是每个在困境中挣扎的人都想听别人取得了什么成就。无论在任何时候我们都应该专注于自身，做适合自己的事。

事实上我每天至少要以一件小事作为目标，而且这个目标必须是可以实现的（之前说过，SMART原则迟早会派上用场）——可以是出去遛狗，也可以是做一顿饭。不管是什么，它能让我一天的生活有了我需要的规划和条理。我朋友有个9岁的女儿，名叫安妮，她非常喜欢列清单。她列在清单上的第一件事总是"列一个清单"，等列完清单的时候，她就可以在首要事项后面打钩了！这个任务很简单，却能为她的成功打下基础，并给她带来了积极的成就感。

假如我正处于低谷，早上起来不想动弹，我会把一天的时间以15到30分钟为单位进行安排：

- 上午9:00　刷牙和洗头
- 上午9:15　吃早餐
- 上午9:45　查看电子邮件
- 上午10:00　浏览社交媒体15分钟
- 上午10:15　喝杯茶
- 上午10:30　为我合作的品牌录一个广告

这非常简单！在我不知道如何度过一天时，它还是一个指导方针。我手机上的笔记中有许多这样的日程安排，那些日子可能与我经历的一些最黑暗的时刻相吻合。别人可能完全不这样想。你可能会想："天哪，我可不能这样干！"

假如我的精神状态比较好，我创建的待办事项清单就会只包括我想在这一天结束前完成的主要事项，比如给某人发个邮件，开一个会，我觉得没必要把"穿衣服"这类事写上去。然而，假如我精神状态不佳，我就会把事情细分成便于处理的小事，并且会把一定能做到的事写进去，比如清洁牙齿，因为在它们后面打钩的感觉真的很棒。

我每天至少要设定一个目标，哪怕它只是完成一件小事。

关注过我一段时间的人都知道，一年中我最喜欢夏天。我现在的目标就是趁着还活着，尽量多参加一些活动。但现实很残酷，我发现花在安排和准备上的时间比我享受任何活动的时间都要长。梳妆打扮让人疲惫不堪，整理药品让人忙乱，走动出行都是额外的负担，还要考虑胃舒不舒服，而所有这些情况都会发生。但是，真的完成了之前觉得不可能的事，比如我在 2022 年 6 月化好妆，穿上新鞋子，沐浴着阳光参加了格林德伯恩（Glyndebourne）歌剧节和英国皇家阿斯科特赛马会（Royal Ascot），就会感觉一切都很值得。为了达到目标而制定待办事项清单，即使它们现在只存在于我的大脑中，也是对一切竖起手指比 V 形手势，表达了一种"就算快死了也要好好活着"的肆意态度。

人们经常问我："你是怎么熬过一天的？"但有时你不必熬过一整天。你只需要熬过接下来的一小时、一分钟、几秒钟。我知道这种程式化的做法并不适用于每个人，但它确实对我有效，这个策略让我能坚持下去。安排时间在两个方面给了我成就感：首先，我把目标和不得不做的事都写下来，生活变得更有条理了，让我既能合理有效地利用时间，也不会忘记事情。我不会在一天结束时突然想起来，明明自己还有时间和精力去完成某些事情，但却忘记了。其次，和安妮一样，我也可以在完成的事项后面打钩。永远不要低估你在给某项清单任务后面打钩中得到的积极能量！

人们经常把失败的原因归结为时间问题："我没有时间好好训练。""我没有足够的时间复习。"合理安排你的时间，把你在某段时间内需要完成的事列成清单，无论是以一天、一周、一个月还是一年为限，都可以避免因为时间不够而没完成想做的事情的遗憾。问问制定复习时间表并严格执行的考 GCSE[1] 的学生，你就会知道这个方法多么有效。

假如你是一位事务繁忙的成功人士，你的清单可能包含"完成一笔大交易"这样的内容。假如你正深陷焦虑或受其他心理问题困扰，你的清单上可能有"洗头"和"铺床"等内容。你的清单上有什么并不重要，重要的是它对你有用。做了计划和安排，漏洞和疏忽会减少，失败的概率也会降低。如果碰巧失败了，你可以把它当作一个学习的机会，再去尝试一次（我将在第五章中对此详细介绍）。

* * *

我在上一章中说过，我的目标是活着，而且要好好活着，这意味着我得照顾好自己，保证健康饮食，锻炼身体，花时间陪伴我爱的人，与他们建立高质量的关系。每当我完成其中一件事，我就会停下来反思并心怀感恩。许多人都会在工作中使用"里程碑"这一概念来监测工作进度。研究表明，工作中经常使用里程碑的团队比不使用里程碑的团队表

---

[1] 英国普通中等教育证书 General Certificate of Secondary Education 的首字母缩写，相当于我国初中毕业证。——译者注

现得更好。在个人生活中，我们往往也把一些日子标记为里程碑，比如生日和纪念日。话虽如此，但多达46%的英国人甚至懒得庆祝他们的结婚纪念日，这让人吃惊。结婚那天是每个人生命中最重大的日子之一，却有近一半的英国夫妻觉得这个里程碑式的日子不需要纪念！

　　里程碑是你为生活做的标记，可以衡量你朝目标走了多远。设定里程碑不一定是为了庆祝成功，也可以是为了庆幸你离创伤或阻碍你前进的障碍又远了一步。参加匿名戒酒互助会等支持团体的人就是这么做的——他们庆祝戒酒成功的天数。设定里程碑的核心是回顾你的进展，把长期项目分成可管理的小项目。它们为我们提供了一个机会，让我们在继续前进之前先进行总结，回顾走了多远，评估学到了什么，分析哪些地方做得对、哪些做错了，并对自己迄今为止付出的努力表示祝贺。它们是我们急需的休息站，可以帮我们积攒继续前进的能量和动力，让我们越来越接近终点。假如我们开始更频繁地"停下来喘口气"会怎么样？要是我们停下脚步，多去闻闻玫瑰的芬芳，而不是只对那些等待我们去纪念的时刻做标记会怎么样？如果我们庆祝一些小事——发生在我们身上但往往被忽略的小事，总是停下来看看我们已经走了多远，又会怎么样？

假如被告知自己只有 8% 的机会能够再活五年不是一个人生分水岭的话，那么我不知道什么才算是。12 月 16 日是我被诊断患了不治之症的日子，每年的这一天都是我又带着这个可怕的疾病生活了一年的里程碑。这不是一个让人快乐的日子，不过没关系。里程碑不一定是纪念值得你为之开香槟、放气球庆祝的事，它也可以是对创伤的提醒以及你在应对和战胜困难上取得的进展。

里程碑是你为生活做的标记，可以衡量你朝着目标走了多远。

不过第一年后，我有了庆祝的理由。我克服了重重困难，活了下来。第二年和第三年相当可怕，因为大多数和我情况一样的人都在这个时间段去世了。第四年感觉很怪，从统计学的角度来看，能走到这一步十分了不起。第五年就更了不起了——100 个人中有 92 个人没有活下来，而我做到了。我过完了 40 岁生日，与癌症共存了五年，而这些在 2016 年 12 月 16 日那一天时，我想都不敢想。

我的治疗情况也类似。当你被告知必须接受 N 次化疗或 N 次放疗时，你会一次一次地数。我一开始就是这样做的。

我现在成了一个长期癌症患者，在我接受治疗的英国皇家马斯登医院，像我这种情况的患者还有几个。病友约翰已经身患癌症 30 年了。他在 20 世纪 90 年代被诊断出癌症，从那时起就一直与癌症共存。最开始他被诊断患了睾丸癌，接着癌细胞转移，现在他已经 60 多岁了。还有身患癌症 20 年的玛乔丽。我们就像一个小小的俱乐部，而我刚刚加入其中。最初我被诊断患病时，他们关心我，呵护我。从那以后，我见到许多新病人时也做了同样的事。第一次走进医院大门时，他们都带着对未来的恐惧。

癌症患者开始治疗之旅时，不禁会留意到一些里程碑式事件，比如第一次和最后一次化疗以及还剩下几次放疗。但假如你是约翰和玛乔丽这样的长期癌症患者，你会怎么做？我上一次见到约翰时，跟他聊天，他告诉我他已经做了 252 个周期的化疗了。这个里程碑让他有点哭笑不得，但依然是一个值得纪念的里程碑，值得带着幽默的态度去纪念。

我认为，庆祝旅程中的里程碑会刺激你的大脑，让你渴望更多成功。假如你的目标是 30 分钟内跑完 5 公里，那么每次取得接近这个目标的个人最佳成绩时，你都会兴奋不已。奖励旅程的各个阶段，而不仅仅是最终到达目的地，会激励你为成功付诸更多行动，换句话说，就是让你更加努力。

对实现目标的步骤进行评估可以提高我们成功的概率，也可以让我们一路保持活力。你听说过"组块分析"（chunking）这个概念吗？我承认，这不是一个很性感的词，不过仍希望你好好考虑运用它。如果你把大目标分解成一个个小目标，那么完成的每一个小目标都可以被视为通往成功路上的里程碑。旅途和目的地一样重要，所以一定要确保这是你乐于踏上的旅程，享受渐进的成功，庆祝耀眼的卓越成就，也不忘庆祝努力取得的小胜利。

* * *

在个人旅程中，成功对你意味着什么？成功对不同的人来说有不同的含义，理想情况下，它应该是我们定义自己的东西。我们重视成功，因为它对我们有意义，而不是因为我们在意别人的眼光。对我来说，成功就是排除万难好好活着，此外也包括30分钟内跑完5公里以及整理收拾衣橱。

成功可以是别人看得见的外在的成功，也可以是内在的成功。两者同样是成功，不过我认为，寻求他人认可自己有时并非健康之举。你真的需要从别人对你在社交媒体上发布的帖子的称赞之词中获得成就感吗？如果你一边读这本书，一边时不时地去查看社交媒体上的点赞数或转发情况，那么我要告诉你，并非你一个人这样！这种诱惑的确很难抵挡。但问题是，真正的自我价值来自内心，而不在于有多少人为你最新的帖子点赞，有多少人在社交媒体上关注了你。这听上去可能有点老生常谈，但除非你能学会重视自己，否则别人不会重视你。

我有一个一直在努力克服但无法逾越的障碍，那就是非常渴望他人认可我的成功。当我还是一名教师的时候，我常常因为取得的成绩受到奖励：教的学生进步了，自己升职了。现在我依然渴望得到肯定。虽然我知道我不再需要这些，但我内心深处还是一名教师，我想让别人知道，我仍然没有停止前进。

有人为了改善身体健康状况而开始进行马拉松训练或成为素食主义者，这时其他人通常会给予积极支持和鼓励。但自我成长却得不到任何人的祝贺。没有人关心我在痊愈，没有人关心我在成长，因为人们看不到这些，也不会受到直接影响。

在选择你的目标以及考虑实现它们意味着付出什么时，想一想成功对你来说到底是什么样子的吧。我尽力过好每一天。我是一名成功的作家、播客主持人和活动家，我因这些身份得到了外界的诸多赞扬和认可,但最令我自豪的还是我为生命垂危的人和失去亲人的人带来的改变。

不久前,我在社交媒体上收到一位失去妻子的男士发来的信息。就在他给我发信息的 30 分钟前,他的妻子因肠癌在家中去世。他在极度悲痛中找到我,感谢我做了《你、我和大C》这个节目。他告诉我,他的妻子一直是我的忠实粉丝,我给她带去了希望和安慰,尤其是在她生命的最后时刻。他感谢我,因为在癌症搞垮他妻子的身体时,我的播客鼓励她坚持了下来。

几周前,我还收到了一位女士发来的信息,她当时正握着母亲的手,她的母亲因癌症在一家临终关怀医院奄奄一息。这位女士被告知母亲活不过当晚了,她深陷巨大悲痛中。她找到了我,感谢我提供了这样一档适合她们母女一起听的播客节目。

这两个例子都不是通常意义上的成功。处于癌症、死亡和悲伤中的人给我发来私人信息。以前当过教师的我喜欢看到明确的进步标志,所以一开始我并不把它们视为成功,我只是觉得它们情真意切、让人心碎。但是,换个角度回头再看它们,我意识到,分享自己的故事,给有同样经历的人带去些许安慰,这就是巨大的成功。人们在深陷无尽的悲痛时还不忘与我取得联系，告诉我他们的感受，我是多么幸运啊！这是成为播客主持人和作者的另一个积极作用，也是我刚开始做这些时未曾料到的。这恰恰说明成功有很多种不同的形式，不一定是得到奖励、认可或表扬。

如果花时间去认识它们，你会发现那些无形的东西往往最有意义。不一定是惊天动地的丰功伟绩才有意义，那些能给别人带来微笑或安慰的小小成就、你给这个世界带来的积极变化以及你给他人带来的改变也同样重要。在新冠疫情期间，你在家陪孩子上网课，顺利度过了一天，你可能觉得这不是什么了不起的人生成就，不是什么真正值得骄傲的事，但帮助孩子在这种非同寻常的情况下茁壮成长绝对是一种成功。你应该停下来，好好回顾过去的24小时。我敢打赌，一天中肯定有很多小的成功你没有留意，比如去看望一个亲戚或邻居，给孩子们做了一顿可口的午餐，换上了干净的床单，或者去你喜欢的公园散步。生命中取得辉煌胜利的时刻总会令你无比满足，但让整个旅程充满愉悦的是沿途的每一步，真正的生活就在其中。在过去的五年里，我越来越深刻地领会到这一点。

成功有很多种不同的形式。

在教学过程中，作为老师，我受到的训练是要表扬学生付出的努力而不是结果。我们需要把这一点应用到自己的生活中，在前行的路上庆祝里程碑事件。我在与癌症的斗争中跨越了一些里程碑，一次次超出预期活了下来，但对我来说重要的不只是这些里程碑。做成功的父母，给许久没联系的朋友打电话，或者帮助素未谋面的人，这些都值得庆祝，也是我每天坚持下去的动力。假如你正在为某个人生目标而努力，那么你必须时不时地花点时间表扬自己，盘点一下你已经取得的成就，你此时此刻拥有的一切。只要你肯花时间去留意，你就会发现通往成功的道路是由一个个小小的成就铺成的。

"实现梦想的关键不在于关注成功,而在于关注意义。即使是你人生道路上的一小步和小胜利,也是意义非凡的。"

——奥普拉·温弗瑞

Chapter 5

第五章

点燃失败之火，从挫折中成长

现在的我正遭受巨大的失败。我快活不下去了。不过这不是我的错。我的身体不工作了，癌症几乎控制不了。说实话，这种感觉糟透了。

当然了，身患癌症并不是真正的"失败"，也不是我可以解决的问题。在我被诊断出癌症时，没有人告诉我但我学到的一点是：虽然在可预见的未来活着的概率似乎不高，但我有百分之百的机会可以在活着的每一天变得更睿智。我意识到，虽然时日无多，但我必须想办法让自己感觉正在取得胜利。身体患病甚至也是一个学习和成长的机会。因此，趁还活在世上，我每一天都要学习，每一天都要好好活着，让自己忙碌起来，不断地去尝试、去失败、去领悟。

然而我们很难认识到失败的好处，尤其是在成年之后。

"生活中不可能没有失败,除非你过于谨慎,以至于你根本没有真正地生活过——在这种情况下,你已经是个失败者了。"

——J.K. 罗琳

我们小时候的情况不一样。观察婴儿学习新本领，最棒的是可以看到他们多么不害怕失败。他们摔倒后会马上站起来。第一次尝试用勺子，他们会把食物弄得满脸都是，直到最后掌握窍门，但他们不会有丝毫尴尬。然而到了某个时刻，孩子们有了自我意识，就会不再本能地将失败理解为学习过程的一部分，而是开始担心做了错事后大人和同伴投来的目光。

等他们上了中学，失败就会被视作"输了"。我认为社交媒体对此起了推波助澜的作用——不仅仅对年轻人而言，因为上面的大多数内容都在向我们展示成功。我们看到的是精修的照片和最好的生活片段展示。我们看到的是漂亮的蛋糕，而不是初次尝试时散了架被扔进垃圾桶的蛋糕。我们会发布我们住的乡间别墅的漂亮照片，而不是入住时才发现花园尽头就是高速公路的照片。这可以理解，毕竟人们也不一定想看这些东西。但是，假如我们不停地赞美"完美"，却从不关注那些不完美的事，我们就是在鼓励孩子以及成年人远离失败。失败本是不可思议的学习工具，但我们开始将失败视为不惜一切代价要避免的东西。不幸的是，这种观点可能会伴随许多人一生。这是我在社交媒体、播客和写作中尽量坦诚地讲述自己的真实情况的一个主要原因。我想让人们理解患癌的真实情况，毫无保留。

趁还活在世上，我每一天都要学习，每一天都要好好活着。

教师在设计课程时会将失败考虑进去。例如，假如你对代数的概念一无所知，老师希望你某段时间内掌握它，他们会预留出失败的时间。在教育工作者看来，学生对任何事情的初次尝试仅仅就是尝试。随着知识和经验的积累，后续尝试时失败的次数会越来越少。换句话说，最初的失败不可避免，也是确保最终取得成功的关键。

但是，作为成年人，有多少次我们给自己预留了失败的时间，允许自己在成功之前先试错几次呢？谁也不能无所不知，但我们却认为我们应该一直成功，这不现实。我们倾向于把失败视为成功的对立面，是不达标，不够好。但当你把失败看成是再次尝试的一个邀请，看成是再次挥棒击球的机会时，你就会彻底扭转对失败的定义。看到孩子们在课堂上先是做错，后来终于做对，这让我明白，我们可以怀着积极的心态从失败中学到一些非常重要的教训，用失败带来的教训武装自己，再去尝试一次。

无论是在失败发生的那一刻还是在回顾失败时，如何看待失败都会在很大程度上决定我们能从中得到什么。我们必须主动从失败中汲取教训，而不是沉湎于失望之中不能自拔。我相信失败是好事，它是我们能从中有所收获的最棒的人生课程之一。我们必须以开放的心态迎接失败带来的学习机会，而不是被这个词本身的负面联想所困。

我们必须主动从失败中汲取教训。

假如你从未失败过，这可能意味着你从未狠狠逼自己一把。因为在我看来，不经历失败是不可能茁壮成长并拥有丰盈人生的。多次尝试后，我们不仅能在完成艰巨任务时获得更多满足感，而且心态正确的话，失败也可以成为我们的得力工具。

* * *

失败是学习和改变的宝贵途径，这句话说起来容易。然而在忍受痛苦的黑暗时刻，想到将来有很多事再也无福去体验，日复一日将这一理念付诸实践并非一件容易的事。真正对我有帮助的是我的教师从业背景以及我在职业生涯中学到的成长的重要性和心态的力量。

在被诊断出癌症之前，我就相信态度和心态对如何处理生活中遇到的问题至关重要，此外它们还能在很大程度上预测你将停滞不前还是蒸蒸日上。我过去五年的经历完全证实了这一点。现实固然很糟糕，不过你的心态会影响你的感受，你的应对方式，往往还影响最终结果。最重要的是，拥有积极心态可以帮助你应对人生中意想不到的打击。出错不可避免，不过我们可以从中汲取教训。

关于心态有很多理论，我最先接触的同时也真正引起我思考的，是著名心理学家卡罗尔·德韦克（Carol Dweck）定义的固定型心态和成长型心态。假如你接受过领导力培训、阅读过商业书籍，或者你从事教育行业，你可能听说过这个理论。德韦克解释说，固定型心态就是你相信创造力、智力和性格是静态的，不可改变。因此，如果你不擅长数学、艺术或音乐，那是因为你生来就不具备这些技能，而如果你在体育、写作和舞蹈方面很出色，那是因为你有这些方面的天赋。简而言之，固定型心态就是认为我们从出生的那一天起基本上就定型了，我们能做什么不能做什么、擅长什么不擅长什么，都是由我们的基因决定的。在某些情况下，拥有固定型心态可能是好事。例如有些企业家就是固定型心态，他们会远离自己不擅长的事，避免可能失败的情况，从而更有可能取得成功。然而，大多数情况下，固定型心态被证明会制约成功。

从根本上说，成长型心态正好相反。通常它被定义为这样一种信念：认为创造力、智力和性格是动态的，可以通过勤奋、付出和努力来改变。没有什么是一成不变的。有了正确的心态，你就可以不断进步、成长，获得成功。

德韦克观察到人们应对失败的方式截然不同，于是对心态产生了兴趣。有些人面对困难或挫折时会选择放弃，另一些人则将逆境视为挑战，越挫越勇。后一种人似乎不会被动地应对失败，而是迎接失败，并在失败中茁壮成长。在德韦克看来，这些人显然并不认为自己不够聪明或不够熟练，无法克服眼前的障碍。他们相信自己可以越来越好，而失败实际上是他们学习的手段。

德韦克认为，在面对挑战和失败时，决定人的韧性和毅力的并不是"能力或对能力的信念"，而是"对能力的本质的信念"。不要只追求成功。你要相信，事情不顺时你能学到的东西和事情顺利时一样多。你要相信，你的能力是流动的，可以通过坚持不懈的努力得到提升和发展。拥有这样的心态让我适应身患癌症的现实，看到之前未曾发现的自己拥有的品质，把我认为的弱点变成了优势。

"你看待事物的方式变了,你看到的事物也会随之改变。"

——韦恩·戴尔博士

同样值得思考的是，我们的情绪、期望和先入为主的想法甚至影响了我们对"失败"的理解。这似乎是非此即彼的二元论：你要么做对了，要么做错了；要么得到了工作，要么没得到；要么达到了训练目标，要么没达到。然而，一个人眼中的失败在另一个人那里却意味着努力方向的改变。想一想，当我们从"失败"中走出来，让它渐渐成为过去时，我们对它的看法是不是也变了。

作家苏珊·凯恩（Susan Cain）曾称自己是一位"矛盾纠结的公司律师"。她并不热爱自己的工作，但干得不错，并有望成为律师事务所的合伙人，直到有一天她被告知不会被提名为合伙人。她崩溃了，请了假，然后想起自己当作家的梦想，当天就开始创作。她最终写出畅销书《安静——内向性格的竞争力》(*Quiet: The Power of Introverts in a World That Can't Stop Talking*)，这本经过专业调研、极具吸引力的书激励了无数性格内向的人在这个世界找到自己的位置。

虽然苏珊没能成为合伙人，但她能够将其视为一个契机，并领悟到她正在从事一份自己并不在乎的工作，而不是致力于实现成为一名作家的梦想。她不一定马上会有这种洞察，在那些不幸的日子里，她可能会觉得自己一败涂地。但我敢打赌，今天的她会说这是发生在她身上最好的事情之一。我同样可以肯定的是，在我们所有人的生活中，有一些事曾经看上去是失败，但事后我们逐渐意识到它们教会了我们重要的东西。

有了正确的心态，你就可以不断进步、成长，获得成功。

想一想你经历的失败让你走上了怎样的道路，你又从失败中学到了什么。即使失败让你跌入谷底，看不到任何希望，那也没关系，因为这时候你只有一条路，那就是向上走。

很多关于失败的批判性思考都来自商界。哈佛商学院教授艾米·埃德蒙森（Amy Edmondson）研究发现，失败主要有三种类型：

1. 可以避免或可预防的失败；
2. 不可避免或复杂局面造成的失败；
3. 快速失败或智慧型失败。

所有失败都有一些值得我们学习的东西，其中一些会让人受益匪浅。从错误中学习并不容易，事情出错时，许多人喜欢甩锅给别人。因此确定失败属于哪一类型非常有用。

很多时候，事情没有按计划进行，背后有合理的理由。也许你没有一丝不苟，注重细节；也许你错误地判断了某件事的重要性，或者需要时没有去寻求帮助。这些都属于可以避免的失败，假如你换一种做法，结果可能会更好。可以避免的失败往往事后才能意识到，是难以预料的，但那些本可以预见的失败通常会让人追悔莫及。通过回顾错误，找出出错的原因，你可以做出调整，避免将来犯同样的错误，从而提高成功的概率。

举个例子：我的嫂子克莱尔·鲍恩（Clare Bowen）于2008年创办了皇家公园半程马拉松（Royal Parks Half Marathon）。确诊癌症之前，我每年都会参加。2017年，发现自己身患癌症后，我决定不参加了。我那些了不起的朋友们听到这个消息后，说他们会代表我参赛，我听了很感动。然而那一天到来时，我很难过。我想和他们一起跑，却只能站在一旁当观众，这太令人伤心了。我发誓，第二年我会再次参赛，不会让癌症成为绊脚石。

我报名参加了2018年的比赛，不过没有告诉任何人这个消息。那时候我的身体状况还可以，一直坚持锻炼，心想可以在当天决定能否参加。我跑过无数次的10公里，觉得即便中途真跑不动了，也可以走完剩下的几公里。

比赛前几天,我的好朋友蕾切尔·布兰德去世了,我想:"管它呢,我要去弄一件印有她头像的T恤衫,为了纪念她也要跑一次。"我并没有为半程马拉松好好做准备,也很久没有跑过这个距离了,但我想可以临场发挥。

比赛当日,我和克莱尔一起跑,一开始还算顺利。我体内充满了肾上腺素,最初几公里跑得还不错。但是没过多久,我的脚踝就开始疼痛。当天的热闹气氛和参与其中的自豪感促使我继续前进。最后,我疼得跑不动了,只能走完剩下的路程。比赛结束,肾上腺素消退后,我意识到脚踝伤得很重。我们去找活动现场的医护人员,他们很快把我送往急诊室,医生发现我应力性骨折。之后好几个星期我都不得不穿一双丑陋的大靴子,搭配我那些迷人的礼服出席一些华丽的颁奖典礼。

回过头再看,这是完全可以避免的错误。跑步前我没有做充分准备,当身体告诉我出问题时,我也没有听。后来我花了六个月时间才可以重新跑步,不过我从这次本可以避免的失败中吸取了教训,没有再犯同样的错误。我还更进一步,参加了2020年伦敦马拉松,这次我做了充分的准备。

然而,生活中有时无论你准备得多么充分,事情还是会因为无法预测的复杂因素出错。在这种情况下,人们往往以为，从这些不可避免的失败中学不到什么教训。我不同意这个观点。我认为，回顾过去并找出问题所在仍然有帮助。正因为有了这些新的见识，也许下次你就可以把不可避免的失败变成可以避免的失败。仅仅从失败这一事实中也可以学到一个教训——生活并不总是一帆风顺，有些事是无法控制的，比如确诊癌症、汽车追尾、全球大流行病暴发。这些突如其来的事情完全不在我们掌控之中，即使最周密的计划也会被打乱，因此我们不能过于灰心丧气。

过去我没有办法避免得癌症，现在我也无法改变这一事实。在这种情况下，我们很容易会归咎于某个人或某件事，我在确诊之初也经历了这个过程。尽管我是素食主义者，饮食健康，经常运动，也比一般肠癌患者年轻，但我还是在相当长的一段时间里责备自己没早点去看全科医生。我对自己说，我本该干这个，本该干那个……我本该更努力一些。

我知道我的身体有些不对劲，也一直去做检查，但医生说我的症状是由焦虑或肠易激综合征导致的。不幸的是，事实并非如此。但是，无论我做什么都不会改变最终结果。我最终也意识到，自责毫无意义。我决定做点有用的，通过发起一场运动来提高人们对这种疾病及其症状的认识。对于不可避免的失败，最重要的是你如何应对。

"不要等待,时间永远不会'刚刚好'。从你所处的位置开始,用你所能掌握的任何工具开展工作,在你前进的过程中,你会发现更好的工具。"

——拿破仑·希尔

快速失败在商业中很流行，我喜欢把它看作"放手去尝试"的失败，你渴望尽快从中学到尽可能多的东西。你也可以把它看作故意的或反复的失败，因为你预料到事情会出错，但为了从中学习，得到提高，你决定无论如何都要放手一试。这些通常是低水平的失败，我们可以从中快速学习，调整自己，继续努力，然后再次尝试。刚学走路或学吃饭的小宝宝就在无意识中重复这一类型的失败。他们会尝试做事情，如果不成功，会立即换个方式再试。需要进行实验时也会有这一类失败。有时候你只需跃入未知的领域，看看会发生什么。

我在 8 到 14 岁期间参加了国家体操项目，这种"尝试失败"的经历在这个过程中非常常见。每次尝试一个新动作，我不可能一次就顺利完成，也不会抱着那种不切实际的希望。相反，我必须失败，然后重新站起来，改正问题或错误。教练不得不手把手纠正我的动作，我也会向体育馆内的其他人学习。一个动作的完成需要很多人的支持和经验的积累。比如，做双杠动作时，一开始我会掉在器械下面的保护垫上，根本抓不住双杠。然后，我会让队友或教练在下面接住我。最后，做这个动作时我感觉不需要保护垫，也不用教练站在一旁出手相助了。我不得不一遍又一遍反复练习，从每一次失败的尝试中学习，直到我充满信心，进行下一个动作。

这些尝试工作非常重要。假如你跳过这一阶段直接开始尝试一个新动作，很可能会摔断脖子。事实上，你永远不会冒这种险。我觉得有时我们会忘记这一点，迫不及待地想大干一番。结果就是失败，而且是惨败，因为我们没有在过程中学会寻求支持。另一方面，快速失败还意味着你不能直接跳到最后，你需要先尝试一下，看看会发生什么。这样就可以逐步改进，以实现最终的成功。

* * *

害怕失败会阻碍我们前进，阻止我们学习。承认失败是学习和成长过程中不可或缺的一部分，它就不再是需要极力避免或令人羞耻的事。那么怎样才能从失败中吸取教训呢？仅仅说失败是人生的一部分，失败了也没关系，我们能从错误中学习，这还不够。我们还要积极地寻找教训。

在教学中，我们试图培养学生的一个很重要的技能，就是自我评估。我们教孩子们批改自己的作业，找出哪些地方做错了（当然还有做得好的地方），然后纠正错误。通过这

"尝试了,失败了,无妨。再试一次。再次失败,也会比上一次更好。"

——塞缪尔·贝克特

个方法，学生们从错误中学习，效果要比老师退回一份打满对号和叉号的作业更好，因为掌控自己的学习并充分参与学习过程比死记硬背学得好。

准备每一堂课时，我都会考虑设置一些"DIRT"。DIRT 是"专门的改进和反思时间"（Dedicated Improvement and Reflection Time）的缩写，是一堂课中思考"我能学到什么"的部分。DIRT 能让他们检查自己的作业，看看哪里做错了，并思考怎样才能做得更好。这是自我反省和有所收获的一个良性循环。它不仅在课堂上有用，我们也需要把它融入日常生活。

害怕失败会阻碍我们前进，阻止我们学习。

花时间去看哪里出了问题，用新知识武装自己，帮助自己下一次做对，这听上去很明智，不是什么标新立异的事。然而，我们当中有多少人擅长这种自我调整呢？成年人失败时，通常只是试图将其抛诸脑后。坦率地说，上次出问题时，你对它进行了分析，问自己哪些地方做得好、哪些地方可以做得更好、哪些地方下次可以换个方式了吗？假如你这样做了，那非常好，但如果没有，希望你从现在开始考虑这样做。我保证，要是你把失败变成一个自我调整的学习循环，你就能更好地应对失败。

一旦你决定将 DIRT 融入日常生活，反思不顺利的事，下面的问题可能会帮你弄清原因：

- 哪里出了问题？
- 它属于哪种类型的失败？
- 哪些外部因素产生了影响？下次采取什么行动能把它们的影响降至最低？
- 你能否自己解决问题？需要求助吗？
- 怎样才能提升将来成功的概率？
- 总体上学到了哪些教训？

你可能还会想出更多问题，关键是找到哪里出了问题以及你能从中学到什么。每当你尝试新事物或为自己设定一个目标时，除了要考虑实现目标所需的时间，假如在此过程中使用 DIRT，你会发现效果立竿见影。

也许你经常开始新的锻炼计划，但感到无聊，总是分心，最后放弃了。也许你一直打算健康饮食，却总在下班路上看到餐馆就停住脚步。也许人际关系在你的生活中没那么重要。不管是什么，DIRT 都会给你留出空间，让你找到事情不成功的原因。一旦想通哪些地方出了问题，你就能做出改变。你可以找个伙伴一起锻炼帮你保持动力，或者换另一条回家的路，抑或花点时间弄清楚为何不把人际关系放在首位，并探索采取什么实际行动来解决这一问题。

值得一提的是，经历这个过程并分析哪里出了问题，并不意味着最后你一定能继续前进。有时候我们会发现，应该放弃正在做的事，去尝试别的了。我 14 岁左右就不再练体操了。那时候英国体操还没有达到今天的水平，也不像我们近年看到的这样拥有充裕的资金支持。那时候，除非你能在 16 岁前参加奥运会，否则就没有前途。我 13 岁左右就知道，我不可能达到那个水平。到了青春期，我的身体不如以前轻盈了，我必须另寻出路。我从事了一段时间的田径和网球运动，也尝试了许多其他运动。失败不仅能帮助你更接近目的地，它还能告诉你什么时候该换一条完全不同的赛道。

把反思失败——从失败中学习这一循环变成习惯，认识到失败的好处而不害怕失败，不仅会让你长期受益，对你周围的人也有帮助。就职于斯坦福大学的心理学家凯拉·海莫维茨（Kyla Haimovitz）发现，父母对于失败是好是坏的判断能引导孩子如何看待自己的智力，因此，确保你对失败有健康的认识，不仅对你自己的幸福有益，对你孩子的幸福也至关重要。当你搞砸事情时，告诉孩子你从中学到了什么，可能就是告诉他们为什么晚餐烧煳了，你哪里做错了，你从中学到了什么以及下次你会做得更好。就拿煎鸡蛋来说吧。要是锅太热导致鸡蛋煳了，这次失败就会让你知道下次不应该把锅烧这么热。这是个很简单的例子——你做了一件小事，进行了一些思考，并制订了下次再煎鸡蛋时应该如何改进的计划。

如何面对诸如此类的小失败能为将来如何处理更大的失败提供经验，你可以在孩子很小的时候把这种规划思路教给他们。买回的牛奶不够分，就赶紧去家附近的小店再买点，下次去超市时记得买更大桶的。这些小失败是教导孩子如何从错误中吸取教训的非常有效的方法，但同时也不要忘记和他们分享你的一些更大的错误——孩子不仅能从你在生活中犯的错误中吸取教训，而且还能意识到尝试和失败都没什么大不了，不值得羞愧。事实上，这正是成功的一大秘诀。

*　*　*

然而，有时很难找出出错的原因，进行再多自我评估也不足以告诉你如何解决问题，这时候就需要反馈了。反馈是帮助我们提高能力的最佳工具之一，我们在失败后如何回应反馈，对成长至关重要。还是一名教师时，我经常收到各种反馈：上司的评价、同事和学生的反馈、孩子们的成绩单。自从我离开教育行业，开始撰写文章和图书后，反馈基本不存在了。很多企业都是这样运作的，可我并不习惯。

这对我来说是如此陌生，以至于一家日报的编辑邀请我共进午餐时，我觉得她一定是要解雇我。我为这家日报写了大约一年的稿子，一直跟编辑联系不多，所以做了最坏的打算。我在之前的工作中习惯了收到反馈，没有收到持续反馈让我感觉自己搞砸了。没有反馈，我的想法变得消极，自然做出了最坏的假设。我坚信她约我去餐厅见面告诉我这个坏消息，是为了让我不至于当众过于失态。赴约前的整整一周，我几乎没合过眼。到了那里，我们寒暄之后，她告诉我她对我的工作很满意，不用说，我们一起吃了一顿非常愉快的午餐。这个小插曲说明反馈对我来说多么重要。

问问自己，谁会给你反馈以及是何种形式的反馈。试着观察更多的情况：你的配偶或伴侣给你反馈吗？你的孩子呢？你的同事或老板呢？他们给了你怎样的反馈，采取的是什么形式？它们让你产生了怎样的感受？你是乐于接受反馈,还是会采取守势?没有人真的喜欢别人指出自己的缺点。不过,假如你能克服受伤的自尊,明白专业人士给你的真诚反馈只是建设性的批评意见,能帮你下次做得更好,你就会张开双臂热烈欢迎。

反馈是帮助我们提高能力的最佳工具之一。

积极地去寻求、接受和消化反馈,哪怕你当时不想听。假如反馈来自一个值得信赖的人,我们往往更容易接受。你深爱的伴侣或真心尊敬的上司告诉你哪里做错了,你的领悟会更深,也更有可能在行为上做出改变。看看生活中谁能坦诚地向你提供能对你有所帮助的反馈。别的不说,局外人的视角至少可以帮助你意识到哪里做错了。

* * *

我们已经讨论过,失败是学习和进步的机会,我们应该拥抱失败。关于失败,我想说的最后一点是,它还可以激发动力和激情。

在我的教学生涯中,我在一些相当落后的学校工作过。

这些学校位于失业率高、社会问题严重、缺乏平等意识的贫困地区。它们看起来是"失败的学校",然而在每一所这样的学校里都有很多孩子渴望改变自己的命运。他们不喜欢自己的生活,不想让自己和家人生活在贫困中,于是贫困成了他们前行的动力,激励他们努力学习,取得好成绩,让自己摆脱贫困。

要是失败后总是找借口,你就无法着手解决它,它也很难成为你的动力,而假如你把失败和面临的困难看作前进的理由,你会从中得到继续前行所需的手段和力量。

在被诊断出癌症之后,我本可以一连几个月甚至几年以泪洗面,但我想让自己的人生——不管它是长是短——过得丰富多彩而美好,这是我每天前进的动力。或许我对身体机能的衰退无能为力,但我找到了其他值得庆祝的成功。它们让我一路坚持了下来。

不管你面临什么困难,即使你现在对它们束手无策,也要朝着成功迈进。只要一步一步、一分钟一分钟、一天一天地努力前进,你很快就会发现,经历的失败会帮助你抵达目的地。

"我不害怕暴风雨,因为我正在学习如何驾船航行。"

——路易莎·梅·奥尔科特

Chapter 6

第六章

坚毅起来，
不屈服，
不放弃

How to Live
When You Could Be Dead

在我教书的第一年，也就是我 20 岁出头时，我看到了下面这句话，据说是做了 12 年美国第一夫人的埃莉诺·罗斯福的名言："未来属于那些相信美好梦想的人。"那是我的第一份工作，我想干出一番成绩，所以下班后我在复印室花了好几个小时，把这句话打印在小卡片上，塑封好，这样就可以发给学校里的每一个孩子，让他们随身携带。这句话像一个咒语：只要你心怀远大梦想，并相信这些梦想，它们就会成真。

回想起来，我不知道是该被自己的工作热情打动，还是该为自己想法过于简单而感到不可思议。只要你十分渴望得到某样东西，你就会得到它——果真如此的话，我早就治好了癌症，成为亿万富翁了。不过我想这句名言确实有一定的

"永远不要放弃,因为那是逆风翻盘的时机。"

——哈丽特·比彻·斯陀

道理。我们要允许自己怀有梦想，因为只有发挥想象力去憧憬未来的生活，我们才会明白自己想要什么，并开始思考如何实现这个目标。但是，归根结底，只有采取行动，拥有毅力、自信并不懈奋斗，梦想才有实现的可能。

你可能会觉得我对此深有体会，因为从很小的时候起，我就知道决心和努力的重要性。参加国家体操项目时，我每周的训练时长多达30小时。我们受到的教导是：努力就会有回报，必须非常自律。从体操中学到的东西伴随了我一生。现在回想自己取得的成就，我感到很欣慰。在很小的年纪，我就把身体逼到了极限。这样做是否健康另当别论，但它向我灌输了一个非常宝贵的信念：只要我反复练习，就能有所成就。它为我将来做出那些想都不敢想的事奠定了基础。

12岁时，我的脚踝骨折了。当时我正在平衡木上练习连续后空翻动作，结果第二个空翻的时候手滑了。我掉下去，脚撞到器械一侧。由于我已经在旋转中，我的身体继续向前，从平衡木的一侧飞了出去，最终落地时摔断了脚踝。

等身体恢复后，我彻底吓呆了，再也不敢上平衡木。为了重拾信心，我不得不从头再来。担心再次受伤而放弃体操不难，但我热爱体操，想在这项运动上有所成就。我必须找到坚持下去的毅力和决心。

我们还有一句口号，它对我来说代表着坚韧不拔。训练结束时，你永远不希望结束动作或练的任何一个动作做得不好。这意味着有时候你会花半个小时甚至更长时间在体育馆重复练习。你在心里对自己说："加油，我能行的。"这样做会为你下次训练打好基础。哪怕你做了一百个糟糕动作，假如最后一个结束动作做得漂亮，你就更有可能继续训练。你会说："其实没关系的，我可以再来一次。"你很想回家休息，但还是咬牙坚持，不达目标不罢休，这需要极大的毅力。

对我来说，坚韧不拔意味着绝不屈服，不断重新振作起来，想办法持之以恒，继续前进。对于把每一天都当作最后一天来活的我来说，这种信念至关重要。自从被诊断出患有不治之症，我不得不一次又一次召唤坚毅的力量。在化疗过程中，我有过几次过敏反应，因此心理上很抗拒关乎我的性命的治疗。一次，我接受化疗时焦虑症发作，非常严重。从医学上我没事，但我觉得自己必死无疑。我觉得自己大限已到，马上就要离开人世了。幸运的是，我坚持了下来，完成了那次化疗。

坚韧不拔意味着绝不屈服。对于把每一天都当作最后一

天来活的人来说，它至关重要。

大多数人都会有意避开会诱发严重创伤的事件，但我别无选择，只能在几周后继续接受更多化疗。真不知道该怎样形容我是多么不情愿去医院。虽然我知道不去医院生命会缩短，但开车去医院、解开安全带、走进医院还是相当艰难。接受治疗能救命，可我非常担心再次出现过敏反应。我竭尽全力，咬紧牙关完成了治疗。我猜大多数癌症患者在某个时刻都有过这样的感受——当治疗似乎比疾病本身让人感觉更糟糕时，需要很大决心才能坚持下去。

我想，是我童年时的体操训练经历和我热爱的教学事业帮助我成为一个做事坚定、不愿轻易放弃的人。自从我被诊断出癌症以来，毅力在我身上发挥了更为关键的作用，现在我可以把它运用到生活的其他方面。癌症可怕又糟糕，谁也不想得这个该死的疾病，但它激发我展现出我自己都没意识到的勇气和毅力。在情况不妙的紧要关头，我找到了活下去的方法，那就是坦然面对最不想做的事。假如你有过类似经历，你就会知道，当你竭尽全力时，你的收获最大，你也最自豪。

* * *

当老师的时候，我曾在许多学校牵头做各种教师发展和培训项目。我还喜欢向乐于学习的人推荐有关心态、领导力和自我提升的书籍，比如卡罗尔·德韦克的《终身成长》、马修·萨伊德的《天才假象》，尤其是心理学家安杰拉·达克沃思的《坚毅》——这本书旨在让你了解为什么有些人能取得成功，而有些人会失败。她研究了目标和成功标准截然不同的群体，例如西点军校的毕业生和参加美国拼写大赛的孩子。她发现，成功的最重要因素不是天赋，而是热情、毅力和责任心。她写道："天赋会让我们忽视同样重要的东西，那就是努力。"她和她的同事们将这种特质称为"坚毅"，最终将其定义为"为了实现长期目标而表现出的热情和毅力"。

坚毅的含义是无论你失败了多少次，被打倒了多少次，都会重新站起来。它意味着你会投入时间和精力让自己变得更好，实现梦寐以求的目标，而不是半途而废。它是取得成功和活到极致的一个 X 因子（X factor）[1]。它意味着面对逆境和障碍时不放弃。像我们在前一章讨论的那样，如果你发

1　此处指获得成功所必需又难以描述的一种品质。——译者注

现自己失败了，也找出了失败的原因，坚毅会帮助你纠正失败，让你在艰难时刻坚持下去，继续前进。

我曾经认识一位年轻的伊顿公学毕业生，他叫戴维，是索马里的第一代难民。戴维还是婴儿时，就随父母来到伦敦，和他的四个兄弟姐妹住在伦敦一个犯罪率很高的地区的一栋高楼里。戴维就读于该地区最大的综合学校[1]。这是一所好学校，学生们面临各种困难——英语往往是他们的第二语言，他们家中通常没有电脑和打印机，但他们的成绩比想象中要好。戴维放学后必须回家照顾弟弟妹妹，错过了很多社团活动，但他志存高远。他发现伊顿公学为像他这样只读中学最后两年的学生设立了奖学金。在老师的帮助下，他申请了伊顿公学。他成功入围，面试后收到了有条件的录取通知书——只要在 GCSE 的所有考试中取得优异成绩，他就可以到那里完成 A-Level 课程[2]。

那年夏天是有记录以来气温最高的一个夏天。伦敦骄阳似火，好多朋友不断来家里找戴维，邀他到公园踢足球，但他一心扑在学习上。他还把录取通知书放在床边，这样每晚

---

1 同时开设普通教育课程、学术性大学预备课程和职业教育课程的中等学校。入学不需经过严格考试，所设课程可为升学就业做准备。——译者注
2 英国高中课程，也是英国学生的大学入学考试课程。——编者注

睡觉前都能看到它，提醒他如若不全身心投入考试，自己将会错失什么。他告诉自己，必须在短期内坚持不懈、做出牺牲、保持自觉，这样才能实现长期目标。戴维如愿去了伊顿公学，在 A-Level 考试中拿了全优，几年后又被牛津大学录取。

戴维有坚韧不拔的毅力。他从小就知道，只有付出时间，做出牺牲，才能得到自己渴望的机会。我们很多人不能像戴维那样实现目标，当事情变得艰难时，我们不愿意坚持下去。只有努力和毅力才能让我们实现目标。

不管你失败了多少次，被击倒了多少次，坚毅意味着你会重新站起来。

安杰拉·达克沃思在她的书中列出了坚毅的公式：

天赋 × 努力 = 技能
技能 × 努力 = 成就

"天赋就是你付出努力后技能提高的速度。"她解释说，"成就是你运用获得的技能后产生的结果。"换句话说，假如不努力，天赋只是你没有实现的潜能；只有付出努力，技能才能让你实现梦想。戴维在学习上很有天赋，为了抵达梦想的彼岸，他刻苦学习，做出了牺牲。在一个漫长而炎热的夏天，尽管中途计划会被打乱，他仍坚持了下来。虽然他很想和朋友们去踢球，但他还是抵挡住了诱惑。

我相信，每个人都有自己极度渴望之事，会为之表现出自己从未有过的毅力。也许你会为了考上梦想中的大学去复读，就算这样你会比同伴们晚了一年。也许你会坚持实行一个新的锻炼计划，即使它很艰难，而且你感觉不到任何进步。也许你会在被告知前一年的绩效没有达标后，再次争取升职机会。

在教学生涯中，我也经历过类似情况。我原来是助理校长，想升任副校长职位。两个职位听起来差不多，但其实不一样。在校长不在的情况下，副校长能对学校负责。成为副校长需要先拿到一个特殊的资格证书——国家校长职业资格证书。我知道我能胜任这一职位，但每次得到的反馈都是我太操之过急，还没做好准备。不过我没有退缩，也没有消极地看待这些反馈，而是更加努力地工作，让大家看到我的工作能力。我必须放下自尊，调整好心情，做出一些牺牲，心无旁骛地追求目标。我对最终目标充满激情，这很有帮助，因为这是坚毅的另一个重要方面。下一次再谋求升职时，我成功了。

虽然我们大多数人可能在生活中的某个时刻表现得坚韧不拔，但并非所有人都能随时具有坚毅的态度。问题是，我们在日常生活中如何驾驭毅力，使它成为我们的一部分？当我们分心、计划受阻或遇到难题时，怎样才能让自己振作起来，尽快回到正轨，继续追求目标？

假如你追求的是自己感兴趣的目标，那会容易一些。假如你追求的目标并不适合你，或者追求的是别人期望你达成的目标，那么坚持下去肯定更难。关键在于你在做的是自己真正想要的，并对此满怀热情。

在达克沃思的理论中，热情有着特定含义。说到坚毅，她说重要的并不是强烈的情绪，而更多的是拥有总体目标，并长期坚持不懈地去追求目标，因为只有你真正在乎才能持之以恒。达克沃思将这些目标称为"终极目标"，目标本身就是目的，而不是为了实现目的的一种手段。我们在第三章中也谈到，带着癌症快乐长久地活下去是我的终极目标，而喝一杯健康的奶昔是帮助我实现主要目标的手段，是一个更低级的目标。

我们每个人都会被某些东西激励和吸引。在生活中为这些东西付出努力，要比你明明讨厌蛋糕还参加了《家庭烘焙大赛》(Bake Off)并试图获胜更有可能获得回报。假如你的目标无法激励你，那它可能不适合你。你为之努力的事情应该有其意义，即使这个意义只对你一个人重要。

不管是什么目标，你都需要练习。作家兼记者马尔科姆·格拉德威尔的《异类》(Outliers)一书普及了"10 000 小时定律"。其要点是，要想在任何特定的领域取得卓越成就，无论是想成为精英运动员还是音乐会钢琴家，都需要在 10 年里每年练习 1 000 小时。马修·萨伊德在他的畅销书《天才假象》中采纳了这个观点，但加上了一个重要的附带条件。他认为，10 000 小时的糟糕练习毫无意义。天赋依然能发挥作用，只是我们付出的努力需要有针对性、现实且可行。即便进行 10 000 小时的练习，我们中的大多数人也不会成为职业网球运动员，尤其是如果这些练习不足以吸引我们全力以赴，对我们提出挑战，也没有暴露我们的弱点，让我们积极努力改进的话。但事实依然是，不花时间去练习，很难在任何领域取得出色成绩，从玩滑板到成为一名厉害的公众演说家，莫不如此。好莱坞电影想让我们相信一夜成名的故事，但一夜成名并不存在。在英超联赛中首次亮相并在第一场比赛中进球的年轻球员此前可能默默无闻，但其实他们已经花了数千小时进行训练，每天早出晚归，遇到障碍时总是非常坚毅。

每个人遇到的障碍都不一样，它们也会随着时间的推移而发生变化。成长过程中，我对公开演讲从不发怵。要是有人让我在家庭活动上说几句，我会大大方方地站在大家面前讲话。但工作后第一次不得不对着一群人讲话时，我紧张得要命。第一次在大会上发言时，我浑身哆嗦，连校长都注意到了，他不得不亲自指导我克服紧张情绪。经过练习，我克服了这个障碍，后来就习惯成自然了。这就是我自己的例子——接受帮助、踏实奋斗、不断练习，直到觉得在职场当众发言是一件稀松平常的事。刚开始从事媒体工作以提高人们对我这个疾病的认识时，我也经历了类似事情。回想起来，在电视和电台传播有关肠癌的知识，是我对教育的热情和天赋的自然延伸。第一次在《BBC早餐秀》(*BBC Breakfast*)节目现场亮相时，想到有数百万观众在看着我，我还是非常紧张。我尽最大努力顺利完成了节目录制，之后的每一次现场采访和播客节目都让我对这种方式的交流愈加熟练。

你为之努力的事情应该是有意义的。

乐观或积极的自我暗示也被证明是培养毅力的重要方式之一。美国军队向新兵们传授这一技能，职业运动员也将其作为训练的一部分。其核心理念很简单，比如遇到困难时告诉自己"我能行"。研究表明，进行积极自我暗示的人压力水平更低，更有可能成功。你要是觉得这听上去是胡扯，我向你保证并非如此。想想有多少次你告诉自己，你不够聪明，或某件事太难了，你干不了。这些话多少次变成自我实现的预言——这是悲观消极的自我暗示，我们往往不假思索就对自己说出这样的话。乐观的自我暗示是对这一过程的颠覆。

要是没有积极自我暗示赋予的力量，我在几年前报名参加一项特别有挑战性的任务时肯定更费劲。早在2019年，我就参加了 Tri January。这是英国铁人三项联合会（British Triathlon）发起的一项运动，旨在吸引更多的人参与这项运动。我也说过，运动一直是我对抗癌症非常重要的方式之一。它有助于减轻焦虑，也有助于为大型手术做准备，促进术后康复。因此，我非常乐意帮忙宣传他们的活动。不过有一个问题：我害怕在开放水域游泳。尽管我事先在奥运会金牌得主丽贝卡·阿德林顿的指导下进行了训练，但当我跳进利兹朗德海公园的一个湖，在冰冷的水中进行铁人三项的游泳活动时，我僵住了，心想："我喘不过来气了。"

这是针对初学者的铁人三项比赛,所以游泳赛段只有400米,我知道我能行,之前我在游泳池里游过很多次。但当我泡在浑浊的湖水中,湖水温度只有12℃时,一切逻辑都被抛到了脑后。我想离开这里,但BBC体育部门在比赛现场安装了摄像机,我中途放弃,会让大家失望。我站在救生艇旁边,对自己说:"黛博拉,你能行的。"在游400米的整个过程中,我一直反复念叨这个咒语:"你能行。你能行。"

之后我发誓再也不在开放水域游泳了,我太讨厌这个了。比赛开始前,我就知道我会讨厌这个,完成之后,我仍然不喜欢。不过,我做到了。我能做到,是因为进行了积极的自我暗示,它让我有了绝不能失败的毅力和决心。我只需要告诉自己我能行。现在这个赛事的奖牌与我参加伦敦马拉松获得的奖牌一样,成了我最珍视之物。

如果周围的人与你志同道合,你们对目标抱有同样的热情,那也很有帮助。当老师的都知道,学校新来的孩子会受到周围孩子的影响,所以我们鼓励孩子明智交友。同样地,加入一个运动社团或俱乐部之后,最终你也会有他们的训练精神。找到与你目标相似和步调一致的同伴,你就更有可能坚持不懈,甚至更快实现目标。他人的支持和鼓励以及一些健康的竞争有助于增强你的毅力。

* * *

如果坚毅是指坚持不懈地追求长期目标，那么韧性又是什么意思呢？当然，坚毅和韧性相似，最明显的相同点就是它们都指遇到困难时继续前进的能力，但它们在许多重要方面也存在区别。

在心理学上，韧性是一种特质，让你能以积极的方式应对生活中的挑战，运用技能和策略帮助自己更有效地恢复战斗力。它不仅仅指应付当下难题，也指从逆境中走出来，成为一个更坚强、更机智的人，从而提高你应对下一个可能出现的困难的能力。人生必定是不可预测的，我们时不时会遇到障碍。问题在于你能多快克服压力，恢复平静，并将精力重新集中到下一个目标上？而且，一旦困境造成的直接压力过去了，你能否继续成长，并把这些负面经历作为迈向未来的动力，或者至少是一个学习的契机？韧性可以随着时间的推移得以培养，尤其是当你面对挑战并克服了它们时。

很多理论解释过是什么让一个人具备韧性以及人的韧性从何而来。有韧性的人具备两大品质：强烈的自我意识和良好的人际交往能力。

生活中对成功的渴望像是一种积极的自我暗示。保持积极的心态能让你专注于想要的结果，避免因为事情不顺而受阻或分心。与此同时，相信自己，相信那些你努力转化为技能的天赋，会让你对发生在自己身上的事更有掌控感。换句话说，自信的人相信自己有能力解决出现的任何问题，而不是找借口或归咎于命运等外部力量。假如你清楚自己的内在动力，了解自己对事情的感受及其对你造成的影响，坦然接受自己的优点和缺点，你就会发现自己能更好地应对生活中的挑战。这种自我认知和自我认同感也会赋予你的生活更大的意义和更强的使命感，让你在面对逆境时不会轻易放弃，毕竟，假如觉得自己做的事情是值得的，你就更容易坚持下去。

有韧性的人意志坚定，持之以恒，能够保持一颗平常心，不懈努力。他们会好好规划未来，同时也很灵活，面对挑战时能够自我调整，坦然接受一路上的挫折。假如你放任自己被消极的想法所淹没，或者在不如意时自暴自弃，那么就很难培养韧性。如果你愿意保持积极乐观，能表现出一些自控力，比如能够抑制强烈的冲动，懂得延迟满足，在面对困难时你就更有可能充满韧性。同样地，假如你在应对压力时有屡试不爽的策略，比如向他人求助，通过帮助他人提升自己的精神状态，提前想出解决问题的潜在办法，重新审视逆境，看到困境中的讽刺意味或有意思的一面，你就更有可能有韧性。诚实地、清晰地表达你的感受，能让你更好地审视自己的想法、情绪、动机和行动，培养你的韧性。

通过良好的饮食、充足的睡眠和适当的运动来保养身体也非常重要。身体不舒服，就很难有精神上的韧性来面对挑战。不要采取消极的应对机制来掩盖压力，比如酗酒或滥用药物、暴饮暴食或过度节食、赌博或过度嗜睡。我并不是建议你必须过一种自命清高的生活，偶尔放松一下也有好处——毕竟大家都知道，我偶尔也喜欢小酌一杯。但有些发泄途径具有潜在的破坏性，切勿对其产生依赖。

韧性能让你以积极的方式应对生活中的挑战。

诚实和对自己的一切行为负责至关重要，但培养韧性并不单靠你一个人，他人的支持也非常关键。随着病情恶化，我越来越深刻地体会到了这一点。这就是为什么拥有社会支持有助于提高一个人的韧性，而孤立无援则会破坏韧性。我相信你在新闻中看到过关于"孤独流行病"的报道。我们越来越认识到，缺少社会联系——例如在老年群体中或在新冠疫情期间——对人们的身心健康极其不利。因此，解决孤独不仅仅关乎提高生活质量,它还是一个需要人们在制定公共卫生政策时注意的重要问题。

找到与你经历相似的人会非常有效。我不希望任何人患上肠癌,但拥有一个你无须多言就明白你在说什么的支持网络或社群,会让你感觉如释重负。我经常接到朋友或者朋友的朋友打来的电话,让我和他们认识的肠癌患者聊一聊。显然我不是医生,不能给他们提供医学上的建议,但我知道这个病有多可怕。初次被确诊的患者都以为自己是极个别的有此遭遇的人,直到他们发现还有成千上万的人也得了这个病。在那之前,我想你会感到孤立无援,茫然失措。意识到自己并不孤单时,你会更有韧性。

你越善于交际,思想越开放,越和蔼可亲,交到的朋友就越多。建立的社会联系越多,你的支持网络就越大。不过,社交圈的大小不如你与他人的亲密连接重要,所以即使你是一个内向的人,也要多尝试在生活中与他人建立有意义的连接。

敞开心扉表达情感有助于你与他人建立真诚的连接和更有意义的社会关系。通过这种方式向你信任的人求助有助于增强韧性,对他人的同理心也会使关系变得更加牢固。你能做到无私、利他、关心他人的幸福,人们就会愿意与你建立关系，并在你需要的时候对你施以援手。

因此，韧性在很大程度上与你个人有关，而你和周围人的关系也很重要。了解这一点是应对生活中的挑战的第一步。

* * *

一些切实可行的做法可以提升韧性。有的人天生就拥有一些有助于增强韧性的特质，他们做起来会得心应手，但这并不意味着其他人就该放弃。过去几年里，我曾多次沉浸在悲伤中不能自拔，我真心相信韧性是可以培养和学习的。美国心理协会也同意我的这个观点："韧性是任何人都可以学习和发展的行为、思想和行动。"

认知行为疗法是一种帮助你扭转负面思维模式，增强韧性，并发展应对问题的技能的心理治疗方法。哪怕不进行专门的治疗，你也可以采取一些行动来增强每个人都与生俱来的韧性。美国心理学会列出了一个十分有用的清单，包含十个建议，你可以尝试一下：

1. 与他人建立连接。
2. 避免将危机视为不可克服的问题。

3. 接受变化是生活的一部分。

4. 朝着你的目标前进。

5. 果断采取行动。

6. 寻找发现自我的机会。

7. 培养对自己的积极看法。

8. 正确看待事物。

9. 保持乐观态度。

10. 照顾好自己。

我向你保证,有韧性不是什么超能力。人们对我说:"真不知道你是怎么做到一直保持积极乐观的。"我也不是很清楚。但我全心全意相信,我们大多数人会惊讶于自己在逆境中表现出来的韧性。不管怎样,我知道韧性和毅力是我们可以积极培养的品质,它们可以帮助我们实现渴望的目标。我们不必等到灾难降临时,才发现自己拥有这些特质。

若无沙砾,便无珍珠。

——无名氏

Chapter 7

第七章

勇敢不是不害怕,
而是战胜恐惧

How to Live
When You Could Be Dead

你最尴尬的时刻是什么？我最尴尬的时刻之一发生在考文特花园的卡伦·米伦服装店，当时我 24 岁。现在回想起来，它不再是什么羞耻的事了。我清楚地记得自己当时惊恐极了。我感受到的恐惧远远超过了"哦，天哪，这有点难为情"。我真的以为自己快要死了。

当时我在一个闷热的地下小试衣间试穿一件上班穿的连衣裙，突然，一阵强烈的、令人窒息的恐惧感袭来。惊恐发作过的人都可以做证，它们常常突如其来。我完全吓蒙了。我的肺好像停止了运作，我想跑，想让我的感觉从身体中抽离。如果可能的话，我想逃离我的身体，但我知道，我能做的只是必须让身体动起来……问题是我还没有穿衣服。所以，只穿了内衣的我抓起自己的衣服就跑出了商店，在那个繁忙每一次你真正停下来直面恐惧的经历都会让你获得力量、勇气和信心。你可以对自己说:"我经历过这种恐怖的事情,接下来的事情我能承受。"

——埃莉诺·罗斯福

的工作日的午餐时间冲进了考文特花园。大口呼吸着花园里的新鲜空气，我这才意识到自己只穿着内衣站在伦敦市中心。

附近的购物者都驻足观看，认为我在表演一出街头戏剧。我心里仍然充满恐慌，但还是设法恢复了理智，穿上了衣服。我跑了起来，以最快的速度跑过滑铁卢桥，跑回车站，最后上了火车，回到位于沃金的家。我清楚地记得自己坐在火车上用诺基亚手机给妈妈发短信："我不喜欢伦敦市中心。20分钟后到车站接我吧！"接下来我便玩起了《贪吃蛇》（暴露年龄了，这是21世纪头十年的游戏）来转移注意力，摆脱内心那个"我会喘不过气来，我会死掉"的想法。

我一生中的大部分时间都在焦虑中度过。有一段时间惊恐症频繁发作，令人崩溃。我开不了车，不敢走在繁忙的街道上，甚至不敢出门。20多岁时，我曾无数次被送进急诊室。当时的情况相当严重，我只能以为自己是心脏病发作。我经常在半夜发病醒来，肾上腺素在体内奔涌，身体麻木，好像完全动弹不得。我感觉所有这些生理症状都是我的身体死亡的信号。当然，最讽刺的是，年轻时我并没有直面过死亡，却无法抑制对死亡的恐惧，以至于它经常成为我好好活着的障碍：在本该出去享受生活的时候，我却待在家里；因为害怕坐飞机，我很少去度假。

我多么希望能吃片药或按一个按钮，让严重的焦虑消失。不过，假如你有过类似经历，或支持、帮助过有同样经历的人，你就会知道事情远非这么简单。我试过服用处方药，但它们只是让我感觉麻木。我多次试过一对一的治疗和认知行为疗法，效果各不相同，有时会起一点作用，但从长远来看都收效甚微。所以，就像面对生活中艰难、悲伤或不愉快的事情时一样，我别无选择，只能努力从正在经历的事中吸取教训，找到前进的路。我看到自己陷入一个模式。一些看似无关紧要的事情导致我的焦虑不断累积，最后表现为身体上的症状：惊恐发作，呼吸短促。我不得不去看全科医生，检查病症。得到一些安慰后，我会平安无事一段时间，但接下来相同的噩梦还会再次上演。

你知道我最后是怎么"康复"的吗？因为最糟糕的事情发生了，恐惧变成了现实：我被告知患了无法治愈的癌症，真的快死了。我别无选择，不得不正视自己最大的恐惧。

当然，我的意思并不是说，假如你有惊恐症，除非被诊断患了不治之症，否则就无法摆脱、无能为力了。从认知行为疗法、各种谈话疗法到正念和放松技巧，还有很多方法都值得一试，我劝你不断寻求解决方案，因为任何人都不该承受这样的日常焦虑。不过说实话，对我来说，确诊癌症带来了其他任何疗法都无法达到的效果。

我不得不正视自己最大的恐惧。

我这一生在相当漫长的时间里都处于高度恐慌的状态，我甚至还只穿内衣在伦敦的主要景区狂奔，理论上我本该早就彻底崩溃，彻底终结所有惊恐症。然而，实际上却发生了最奇怪、最意想不到的事情：我的焦虑水平下降了。当然，到目前为止我仍会经历情绪低谷，有时在扫描检查、验血或治疗时也会感到恐慌，不过这些都是可能会带来疼痛、不适和坏消息的真实事件，我感到恐慌也很正常。

当我被迫面对担心了20年的事情时，我的内心发生了变化。我别无选择，只能克服对死亡的恐惧和焦虑，因为我不想在那一天、第二天、下一周或下一年死去。我可以蜷缩成一团等待死亡到来，也可以继续按照自己选择的方式生活，直到不可避免的事情降临。我必须直面最糟糕的情况，而在不得不面对的时候，我意识到我可以。我的自我怀疑一点一点地消失了。直到别无选择时，我才意识到自己的力量，我对活着的渴望战胜了对死亡的恐惧。

* * *

友好的人们经常对我说,他们觉得我很勇敢。不过我不这么认为。要是你身处我这样的可怕境地,也会别无选择,只能坚持下去。我想我只是在做我们每个人都会做的事。很大程度上这取决于我们有怎样的动机。你永远不会这样想:"我很勇敢,所以我要坚持下去。"你坚持下去,是因为你有坚持下去的理由。

一个星期五,我住院了,介入性放射科医生不得不在我体内放置一个紧急引流管,帮助清理胆管。正值周末到来之前,医院里所有人都很匆忙,所以没有时间给我打镇静剂或让我服用镇静药。医生不得不直接把引流管放进去,说:"黛博拉,你比我们想象的更坚强。你甚至都没有退缩。"

我说:"这个嘛,我也没有别的选择。"

"我知道,但是有成年男子当着我的面哭过!"

对我来说,勇敢是你不想做某件事,却还是咬牙去做了。的确,有时我会有意识地主动去迎接可怕的事。我不会坐等事情变糟糕。我一直积极去做选择,比如我受过过敏反应的痛苦折磨,害怕下次还会过敏,但我仍选择继续接受更多化疗。在这种关头,你往往别无选择。人们称赞我勇敢时，我通常这样回答:"我还能怎样呢?"在紧急医疗情况发生时，我根本没有选择。假如我不让医生做他们必须做的事，我就会没命。别无选择的时候，你只能闭上眼睛，咬紧牙关，坚持下去。

任何人在面对改变人生的疾病诊断或不得不直面恐惧时，都可以在恐惧中变得勇敢。很多时候我当然还会害怕，但对于发生在我身上的最可怕的事情，我也能够承受。

勇敢是你不想做某件事，却还是咬牙去做了。

2022年年初，癌症引发了紧急医疗情况，我差点死掉。事情是这样的:2021年年底，因为结肠炎发作，我暂停治疗4个月。尽管如此，我和家人仍过了一个愉快的圣诞节，准备在新的一年再次开始化疗。我原定于2022年1月6日去马斯登医院接受治疗，去之前我一直感觉不太好，但不知道自己的病情究竟有多严重。验血结果显示我的肝功能严重异常，十分危险。进一步的检查结果显示，治疗间隙我的胆管周围的肿瘤变大，堵塞了胆管。值得庆幸的是，还可以手术治疗，医生安排我第二天做手术。

那天晚上大约6点钟，我开始感到很不舒服。我跑到卫生间，吐了很多鲜血和血块，很是吓人。我头晕目眩，几乎要晕倒过去，设法叫了救护车。对着电话另一端的紧急呼叫处理人员，我几乎说不出话来，只能报出我的姓名和地址，说不出更多关于病情的信息。我只能请求来人帮忙。

幸好我丈夫塞巴这时回到家，发现了我的危险处境。电话线那头的急救指挥人员告诉他，救护车至少还要30分钟才能赶到，于是他把我抱进车里，迅速把我送往切尔西和威斯敏斯特医院。一路上，我强撑着不让自己失去意识。我心想，急救室的工作人员不知道我复杂的病史，很可能会以为救不了我，于是我给为我做过多次手术的介入性放射科医生尼科斯·福提亚迪斯打了电话，告诉他我将要去哪家医院。谢天谢地，他那天值班，说他会赶到。

一到医院，我就被匆忙送进急救室。几个小时的紧急抢救之后，急救小组出色的医疗人员成功控制住了我的病情。肝功能衰竭导致我的门静脉——负责将血液从脾脏和胃肠道输送到肝脏的主要血管——破裂，我的食道静脉肿胀（也叫静脉曲张）出血。要想保命，必须先解决这两个问题。那天晚上尼科斯给我的门静脉做了手术。我身体太虚弱，无法接受全身麻醉，所以整个手术过程我都是清醒的。第二天早上，静脉曲张也得以修复。接下来的几天里，我对一些药物产生过敏反应,但医生很快找到我虚弱的身体可以耐受的药物,引起其他病症的阻塞的胆管也被修复了。我在医院住了十天,其间不知道自己还能不能出院。

经历这次惨痛的事件之后,我又一次彻底迷失了方向,不知道自己该怎么办。我不相信我的身体了。假如你经历过影响健康的创伤或患有危及生命的严重疾病,你会很容易产生同样的想法。你害怕做任何事,担心会加重症状。你会问自己这样的问题:"要是吃了这个,我的癌症会不会恶化?""如果运动,我会不会累坏自己?"你会猜测每一个行为和动作的后果,结果就是吓得不敢踏出家门半步。你会陷入纠结和恐惧的恶性循环。对我来说,打破这个循环的唯一方法就是正确认识它并继续前进。这是我的策略。之后,我强迫自己出门散步,它是我首先迈出的一小步。

整个经历非常可怕,我花了很长时间才接受我曾经离死亡咫尺之遥的事实,不过我很快就想通了,比接受自己身患癌症用的时间还少。我不知道该怎么解释,只是一天早上我醒来,感觉天更亮了。新的一天来临之际,我想:"生活中有太多事情要做,现在我还不能死。天哪,要是死了可就麻烦了。有那么多东西需要收拾和整理。我还得写这本书,还有工作上的事。我想和家人共度美好时光。我不希望他们记住我现在这副样子。我还想再去一趟法国南部。生活中有太多值得期待的事情。是啊，我要是死了就麻烦了。"有趣的是，这种黑色幽默的态度改变了我的看法："来吧，黛博拉，给它们一个机会吧。"这样想并不意味着我的健康状况会突然好转，但我现在明白，这是一种勇敢的表现。有时最难的挑战就是学会重新生活，尤其是在当一切都提醒我，我面临的几乎是无法克服的困难的情况下。即便你只有1%的生存机会，你也要紧抓不放。拥有1%的机会总比没有机会好。

然而，新的挑战不断出现。我的癌症不断发展，以至于肝脏停止了工作。接下来的四个月左右，大部分时间我都是在医院度过的。我屡次跌入谷底，无数次对自己说："我不知道该怎么办。我不知道怎么会有人能坚持下去。我的身体彻底垮了。"2022年5月，医生们显然无能为力了，那一刻来了。我的身体太过虚弱，无法承受恢复肝功能所需的干预措施，所以我和家人做了一个令人心碎的决定：是时候回到父母家，接受居家临终关怀了。虽然我知道这一天终会到来，但意识到自己的生命即将结束时，我依然无比难过。然而，即使在生命的尽头，我仍然坚持一个信念，那就是我要按照自己的方式做事。

有时最难的挑战就是学会重新生活。

* * *

没有什么神奇的秘诀能让你变勇敢，也没有什么秘密武器能让你无所畏惧地面对始料未及之事。勇敢真的很难。人并非生来就勇敢，很难相信有谁是真正无所畏惧的。即使我们当中最坚强的人也会感到恐惧，尽管恐惧的表现形式可能大相径庭：当我感到特别害怕时，恐惧会以眼泪的形式表现出来；而对另一些人来说，恐惧可能是一个完全内在的过程。

有时我试着装出勇敢的样子来面对我的处境。这并不容易，因为我并不擅长这个，有时根本做不到。我从来不会告诉任何人必须摆出一副勇敢的面孔，但我的确觉得有时候这样做很有必要，比如为了孩子们。它还可以保护你，让你不被消极的想法压垮，不错过充满希望和感恩的轻松时刻。我相信，努力做到无忧无虑、对生活无所畏惧，这大有裨益，因为任何人都不应该生活在恐惧中，担心自己没有足够的勇气直面挑战。

当然了，人在生命垂危时很难变得勇敢。你感觉自己就像一个定时炸弹,每天都有可能爆炸,这种感觉非常可怕。我能感觉到自己的身体正在崩溃,特别是最近,每一天都变得很艰难。我不希望别人来看我。我不想让人们看到我死,我自己都觉得心碎,更不用说他们了。

就像饱受焦虑症折磨时那样,我找到了坚持下去的方法。接下来最糟糕的事情发生了,我转为居家临终关怀。我告诉自己:"好吧,只要熬过今天就可以了。"我不确定这样做算不算勇敢。只不过别的选择也不轻松,想得太多,我会完全不知所措。对我来说,这种情况下的勇敢是即使害怕,也要朝着你想去的方向迈出一小步。你并不会觉得你做的事有多了不起,你只是在做你觉得当时该做的事。只有回首往事时,你才明白迈出的每一小步都需要勇气。

事实证明,做这些小事是勇敢之举,是能够让我们在将来变得更勇敢的好办法。很多心理学家将勇气分为三类:身体勇气、道德勇气和生命力勇气。身体勇气可能最显而易见,它指一个人面对危险时采取的行动,常常是甘愿冒风险去帮助他人,比如路人跳河去救落水儿童。道德勇气是指去做你认为正确的事,即使它可能给你带来伤害。一个很好的例子是:一个孩子代表同学们站出来反抗霸凌,即便他自己可能会因此成为被霸凌的对象。生命力勇气你以前可能没有考虑过，它与人们应对长期疾病的能力有关。我想你可能会说我在面对癌症时表现出了这种勇气，而我觉得，照顾病人的医护人员、支持并陪伴亲人挺过疾病的朋友和家人更具有生命力勇气。

假如让我们定义什么是勇敢，我猜大多数人首先会想到身体勇气。因为我们在新闻上看到过或在小说中读到过很多勇敢人物的事迹。又或许你的脑海中会浮现出一位杰出的历史人物，比如马丁·路德·金或纳尔逊·曼德拉，他们不顾艰难险阻，勇敢地反对种族不公，表现出非凡的道德勇气。这些超乎寻常的行为显然很罕见，于是我们自然会认为勇敢是稀缺品，只有少数人才具备这一品质。然而，当你开始把勇敢看作一种心态而不是行为时，你会发现我们身边不乏勇敢的表现：中年改行，在不知道对方会不会也这样回应你时说你爱他们，在知道可能会遭到他人评判的情况下创造东西并展示出来……一个害羞的孩子第一天去上学是一种勇敢，一个害怕水也要去学游泳的人同样很勇敢。认识到这些日常生活中勇敢的例子，并花时间让人们注意到它们，我们很快就会发现自己身上也有很多勇敢的表现。这时我们便会开始意识到，我们很勇敢，勇气是我们每个人都拥有的东西。这种认识会帮助我们在遇到困难，或者不得不面对自己的恐惧时变得更勇敢。事实上，我们都比我们意识到的更勇敢。

勇敢是即使害怕，也要朝着你想去的方向迈出一小步。

* * *

每个人都有各自的恐惧，认识到并接受这一点很重要。我认为最勇敢的事情之一就是学会如何面对生活中的不确定因素以及所有可能出错或伤害我们身心之事。当然，恐惧也可以是好事。它让我们意识到我们想好好活着，我们想把自己在意的事做好。有时候，你一点也不感到害怕，也许是因为你并没有意识到危急关头的到来。在令人恐惧的那些情况下，关键是如何控制紧张情绪。世界上的一些最优秀的演说家在演说时仍然会紧张，最成功的运动员在比赛前也会紧张。这没什么。事实上，有些人将紧张看作准备过程的一部分。假如丝毫不害怕，这可能意味着他们没有准备好或不够重视。

你必须接受并直面恐惧。逃避害怕的事物毫无意义，你想克服对它的恐惧，就必须承认它的存在。你可以偶尔假装不害怕，但如果从不正视恐惧并努力克服它，实际上可能会适得其反,最终深受其害。所以,承认你的恐惧,然后一小步一小步地走出恐惧。敢于说"对可能发生的事我真的很害怕,但无论如何我都要去面对",这才是真正的勇敢。

"我们每个人都必须直面自己的恐惧,必须与它们面对面。如何处理恐惧将决定我们余生的走向:是勇于冒险,还是因为恐惧而畏缩不前。"

——朱迪·布鲁姆

Chapter 8

第八章

微笑的
治愈力量

How to Live
When You Could Be Dead

我渐渐明白，即使在最困难的情况下，找乐子和享受生活也是有可能的。事实上，幽默感在帮助我应对癌症方面发挥了巨大作用。你可能不相信，我在过去五年笑的次数可能比之前的35年还要多。我想这也反映了我为了活下来而付出的巨大努力。幽默感不仅对我的健康有益，对我周围的人也有好处。

即使被确诊患癌，世界不可能也不会完全停滞。你爱的人会陪在你身边支持你。你会意识到疾病也改变了他们的一切，但生活总得继续。这种情况下，幽默感会为你周围的人提供一道防护网。你不能强制他们笑，但可以开玩笑逗笑他们。假如五年来我的家人总是说："黛博拉要死了，黛博拉要死了。"你能想象会发生什么吗？这根本不可能，也不是

"要不是微笑的力量,我就无法活下来。笑让我暂时摆脱了可怕的处境,让它变得可以忍受。"

——维克多·弗兰克尔

我们的风格。我们家的人爱开玩笑，也爱笑。

从 2022 年 1 月开始，随着我的病情恶化，我发现自己在医院待的时间越来越长。一次我过了一个尤为煎熬的周末，那时我只关心自己还能不能放屁，因为我的肠道基本上停止工作了——我得了结肠炎和其他疾病。于是我在 Instagram（照片墙）上和 40 万人分享了一篇我还能否拉屎放屁的帖子。后来终于放了屁，我发了一个动态："哈利路亚。"我不想沉浸于自己糟糕的感受中，所以用幽默的方式来掩饰。如果我的描述太过直接，令人不舒服，那么我很抱歉。你必须找到好笑的一面，因为有时候情况过于可怕，不笑的话，就只能哭。你可能还是会哭，但笑至少能帮你挺过那些艰难时刻。

幽默感不仅对我的健康有益，对我周围的人也有好处。

今年早些时候我还遇到过类似情况。放眼整个人生，这是一件愚蠢小事，却绝对是不笑就只能哭的时刻。住院时，因为不知道自己会不会在疼痛中醒来，我必须在睡觉前把可能需要的东西全部放在身边。当时是凌晨 3 点左右，我吃了一片止痛药，刚刚睡着。大约 10 分钟后，我把一整壶水碰倒了，水洒在了床单上。我在大水坑里躺了一会儿，什么也做不了，只是翻白眼，然后按下呼叫铃让人来帮忙，心里想着："哦，我的天哪，黛博拉，这太是你的风格了。就在终于睡着的时候，你又彻底搞砸了！"我很痛苦，由于大半夜把水壶放在了不该放的地方，并朝错误的方向翻了个身，因此不得不叫人来给我换床单。我只能笑。

我喜欢风趣的人，尤其是和我一样有幽默感的人。我的幽默感很傻，很英式。幼稚的香肠笑话和放屁笑话会让我捧腹大笑。假如笑话太巧妙，说实话，我就搞不懂了。笑话太高雅，根本不是我的菜。前几天，因为疼痛睡不着，凌晨1点钟我还在看电视。我看的是一个午夜滑稽节目，播的是王室成员被拍到出洋相的瞬间，其中一个瞬间是王室成员听一位音乐家模拟猫演奏乐曲时笑得尿了裤子。不是音乐剧《猫》。音乐家不知用何方法用猫的声音作曲，我差点笑破肚皮。我觉得这些简简单单的东西很好笑，那一刻它们帮助我忘记了自身的痛苦。

人生有时很荒谬。一切都难以预料。这是它的有趣之处，也是其挑战性所在。人生并不总是如你所愿，所以只能一路欢笑。置身于我这样的处境，情况会变得非常严重，一切都是生死攸关的问题。人们很容易忽视幽默感和生活中轻松的一面，所以有时必须放松心情。假如你两秒钟就拉一次屎，不得不像婴儿一样穿上纸尿裤，要是没有一点幽默感，生活很快就会变得愁云惨雾。

我真心相信，即使是黑暗或悲伤的时刻，也可以微笑面对。我的一些最有趣的记忆来自生命中最悲伤的时刻，比如我参加祖母的葬礼时因为迟到而被父母臭骂了一顿。前一天晚上我在外面喝多了，结果参加葬礼迟到，而且宿醉得厉害，在教堂过道上跟在棺材后面走。现在我只记得葬礼的这个片段，我觉得这成了件好事。这一幕绝对让当时的气氛轻松了不少。家里其他人都在问我去哪儿了，然后他们看到棺材被抬了进来，我跟在棺材后面不停地说："抱歉，抱歉，太抱歉了。"是的，这很失礼，但也非常好笑，我知道祖母要是看到这一幕肯定会笑得前仰后合。有些人可能不愿意在这种场合展现幽默，但笑是生活中如此重要的一部分，我们需要赞美笑。

我不太把自己当回事。人们常常给自己太多压力，力求做到完美，却一直搞砸。我们得学会拿自己开涮。说到底，我们都是人，人无完人。有时候生活会变得艰难，所以要让自己缓一缓，笑一笑，即使在面对死亡时也不例外。

你可能想不到有人会在弥留之际开玩笑。在临近生命终点时，蕾切尔·布兰德就用黑色幽默的方式来应对死亡。我有一张她在去世前一天发给我的动图。上面是两个拿着镰刀的死神,配的文字是:"另一个世界见!"以前她常对我说:"要是咱俩同时死去,你觉得我们的葬礼鲜花会不会买一送一?"这句话每次都逗得我捧腹大笑。

即使是黑暗或悲伤的时刻,也可以微笑面对。

2022年年初,我食道出血,能否挺过来还很难说,于是我做了一些滑稽的临终告白。我对丈夫说:"塞巴,我知道你一直以为我吻了那个人。我发誓,我从来没有吻过他。"在我觉得可能是生命最后的时刻,我本应该有很多话可以说,但我想到的却是年轻时我是否在一个派对上吻过某个陌生男人。我还给发量越来越少的弟弟发信息,说他长得越来越像威廉王子了,得抓紧时间向女朋友求婚了(谢天谢地,他终于开窍了)。这些都是无关紧要的事情。一想到我们竟会在如此重要的时刻如此不严肃,我就觉得好笑。这是幽默感在应对逆境时的一个好处,它有助于你正确看待事物,放松心情。

幽默感也被证明是一个重要的教育工具。我是说,如果不用幽默的方式,你该如何谈论便便呢?作为英国肠癌协会的代言人，我经常要向协会成员解释相关知识，要是试图用一些枯燥的要点向大众传达肠癌的症状，没人愿意看。必须先抓住人们的注意力，然后再告诉他们事实，所以不能太严肃刻板。我最早的一个 Instagram 视频，是我穿着6岁孩子的便便表情包服装在树林里跑来跑去，边跑边说："我可太性感了。"我并不是有意订儿童尺寸的衣服，衣服送到时，我心想："管它呢？"打扮成便便的样子永远不可能时尚有型，这只是吸引人们眼球的方式。我一直用这个策略来提高人们对这种疾病的认识：先吸引人们的注意力，逗人们笑，然后再谈论肠癌。希望这样做可以让人们印象深刻。

* * *

幽默感帮助我应对日常生活，尤其是在我被确诊之后。这并非我的一家之言，科学已经证明，幽默感对人的身心健康都有益。前边我提到看王室成员出丑的花絮开怀大笑，暂时忘记了自身的痛苦，这并不是我自以为是的想法。研究表明，我们大笑时，大脑会分泌内啡肽，这种物质有助于缓解身体疼痛。事实上，笑已经被证明是癌症治疗中一种潜在的重要手段。一项研究显示，接受过笑声疗法（做引自己发笑的瑜伽、观看喜剧表演）的患者对疼痛的耐受力更强。它还有助于减少压力激素的分泌，从而减轻焦虑。我个人不太喜欢笑声瑜伽，但一直喜欢看喜剧节目。从生物学角度来看，一些笑话真的能让我感觉更好，得知这一点我很高兴。

广义上讲，幽默感有两种类型：一种是内省的幽默，它让你自我感觉更好；还有一种幽默，它能增进你与他人的关系。能提升自我感觉的幽默是一种防御机制，帮助我们应对压力，在逆境中赋予我们勇气，让我们觉得自己能重新掌控困难局面，从而可以坚持下去，继续前行。然而，假如做得过火，可能会弄巧成拙。过度自我贬低的幽默有时会引发负面情绪，甚至导致抑郁和焦虑。换句话说，偶尔拿自己开涮是件好事，但前提是它能让你自己感觉良好，这才是真正的幽默感。在你自责或者因此感觉不适时，不要这样做。

科学已经证明，幽默感对人的身心健康都有益。

心理学家将能促进健康人际关系的幽默感称为"亲和型幽默"，意思是说它可以帮助你建立与他人的亲密关系。它能提高他人的幸福感，有助于减少冲突，加强人与人之间的连接，让你魅力倍增，还能提高团队成员的士气、凝聚力和彼此的认同感，营造轻松有趣的氛围。从消极的方面来说，假如幽默带有攻击性，它确实会伤害被取笑的对象，我在学校亲眼见过霸凌他人的孩子就试图用"只是开个玩笑"来为自己的行为开脱。这种幽默感对你也没有好处，因为它会让你生气、充满敌意。假如你的玩笑让别人感到不适，你很快就会发现人们不再想和你交朋友。所以，要保持积极的心态，尽可能多笑，因为笑不仅仅是一种表情，有时笑还是最好的良药。

* * *

幽默感并不是唯一真正对我有帮助的所谓的"微不足道"的小事。自从生病以来，我更喜欢赏花，我发现它们是那么明艳美丽，而过去路过它们时我甚至注意不到它们的存在。许多遭遇人生重大变故的人都说自己重燃了对大自然的热爱。然而，具有讽刺意味的是，我一直很欣赏另一种美，一种你可能会觉得比较轻浮的美。对我来说，化妆品和漂亮衣服非常重要，它们能给我带来巨大快乐。

你可能会觉得，假如即将走到生命尽头，最不可能去想的就是衣服和化妆品等享乐之物了。但是，天哪，我恰恰相反——我买东西完全停不下来！我会欣赏漂亮的裙子，虽然我知道自己可能永远没机会再穿它们了；坐在梳妆台前，看上面摆着一百支不同的口红和各种漂亮的香水瓶，我就会感到无比开心。如果你对此不能感同身受，我也能理解，因为并不是每个人都喜欢衣服和化妆品。我很感恩自己如此幸运，能这样宠着自己，这正是我照顾自己的方式。在觉得自己的身体快垮掉时，这非常重要。

患病期间，我努力让自己看上去更精神，并确实因而更有活力，这是我的一个非常重要的手段。我讨厌看到镜子里的自己病入膏肓的样子，不想让自己看起来像个癌症病人。我还想和以前一样，还是那个总是打扮得引人注目的自己。因此穿上漂亮的衣服，涂一点口红会给我带来极大鼓舞。宠爱自己也是如此。在我转为居家临终关怀后，我的弟弟本和姐姐莎拉会过来照看我这个"孩子"，我会为每个人预订做美甲，给每个人订购同款睡衣。为什么不这样做呢？开心地玩耍和扮傻让我们童心焕发，这比任何药物都有效。

对我而言在医院最美好的时刻之一，发生的事情对很多人来说可能非常荒谬。在美剧《欲望都市》中，女主角凯莉经常穿漂亮的莫罗·伯拉尼克鞋，包括那双经典的蓝色丝绒水晶鞋。2022 年，伯拉尼克与勃肯鞋梦幻联动，合作推出了一款蓝色丝绒水晶平底凉鞋。这里需要说明一下，勃肯鞋是我能想象到的最丑的鞋子（我相信你们中的许多人不会同意），但它们无比舒适。这双联名款鞋子凌晨4点在网上发售，当时我刚好没睡，于是对自己说："我要买一双。"鞋子非常滑稽，但不到半小时就销售一空。它们真的给我带来了很多乐趣。是的，这笔钱花得很轻率，却是一大乐事，让我脸上露出笑容。

坐在梳妆台前，看上面摆着一百支不同的口红和各种漂亮的香水瓶，我就会感到无比开心。

所以，我的审美可能与你不一样，不过这让我很开心。你可能喜欢在花园里种美丽的花，但我的绿植总是很难养活。无论给你带来快乐的是什么，你都不需要为此感到难堪。即使在生活最艰难的时候，也要找到一点快乐、幸福和笑声，它们会让生活变得有意义。

"想一想仍留在你身边的所有美好事物,开心起来吧。"

——安妮·弗兰克

Chapter 9

第九章

感恩日常小事
是对自己的
一种慷慨

How to Live
When You Could Be Dead

假如你天性悲观，也没有关系，只要你能认识到这个事实，并尝试多去看事物积极的一面。如果你天生乐观呢？好吧，那是一种福气。的确，要是你不等暴风雨停息就在雨中跳舞，你肯定会被淋湿，可能还会着凉感冒。尽管如此，从另一个角度来说，我确实喜欢跳舞，而且有时身上湿了也不是世界末日……

我的朋友西蒙教会了我这一点。我是在上大学时认识他的。西蒙生下来就患有囊性纤维化，他知道自己时日无多，除非接受肺移植手术。就在我们像其他年轻人那样漫不经心地憧憬大学毕业后的生活时，他已经深知过好每一天的重要性，也知道如何带着氧气罐纵横舞池。我被诊断患了癌症后，第一个求助的朋友就是他。他完全明白我说"我很害

"感恩不仅是最伟大的美德,而且还是其他美德的源头。"

——西塞罗

怕"是什么意思。其他人让我不要过于担心,并试图安慰我说我当然还有未来,而他能真正懂我。

我们大学毕业十年后,转机发生了,他进行了肺移植手术。他开始用全新的眼光看待生活,终于可以憧憬未来了。不料一年后他的身体开始排斥移植的新肺。命运发生了残酷的转折,他不仅知道未来有什么在等着他,他还知道自己得到的那一丝希望也已化为乌有。事实上,希望彻底落空了。

西蒙去世前一周,我去看他,把他从病床偷偷带到轮椅上。我们把他裹在毯子里,拖着氧气罐,走到外面,站在雨中。人们大喊着让我们回屋,但他说:"不,黛博拉,不要。这是我最后一次感受雨了。多美好啊!"我强忍住泪水,意识到他给我上了多么不可思议的一课:即使生活看上去没什么好感恩的,你也能找到积极的一面。

我并不是说你应该在任何情况下都要看到光明的一面,因为有时事情实在太糟糕,假装它很美好既不诚实,也不现实。不过,我一直认为,重要的不一定是发生了什么事情,而是我们如何看待它们,我过去几年的经历也证实了这一点。

在患癌之前,我以为我懂得感恩。我以为自己花了足够的时间去感激我的孩子、我的丈夫、我的工作和所有几乎不被注意但让生活变得快乐美好的琐碎小事。但现在我不觉得我真正做到了。我对自己的生活有很高的要求和期望,但并没有真正感激那些简单而微不足道的事物。我想这是因为过去的我假定自己拥有无限的未来,除此之外,我从未停下来去想过,那些我视为理所当然的小事都是比我不幸的人梦寐以求的东西。

就拿2022年的头几个月来说吧,我病得很重,不得不从头学习如何站立、如何走路。现在,假如有一天我可以四处走动,能出门见人,跟人聊聊天,或者说句大实话,假如能再多活一天,我会非常感激,因为过去五年我认识了太多没能多活一天的人。有太多人愿意付出一切代价,只为能重新站起来,环顾四周,欣赏美丽的大自然,或看着他们的孩子新的一天又长大了一点。

感恩能帮助你渡过难关。在如此多的东西被夺走时,感恩是一份你可以紧抓不放的礼物。患癌之前,我从未真正意识到生命中有父母、丈夫和孩子的陪伴是多么幸运。我当然很爱他们,但直到得知我与他们在一起的时间将被缩短时,我才意识到他们有多重要。我的妈妈一直陪在我左右,她甚至得像喂婴儿一样喂我吃东西;我的姐姐帮我洗澡、洗头;在这段可怕的旅程中,我的爸爸和弟弟也一直在我身边。对此我感激不尽。

感恩能帮助你渡过难关。

我丈夫塞巴是我的坚强后盾，我们在一起时可以紧握彼此的手，咽下眼泪，一起大笑。自从我生病以来，我对他的感激之情超过了我们婚姻的前 15 年。大多数情况下，我们的婚姻充满欢笑。我们都上班工作，抚养孩子，尽己所能应对生活带来的挑战。我被确诊后，因为不知道我的健康状况会发生什么变化，他不得不对整个生活进行了调整。他不得不在家工作，既当爹又当妈，还要打点我们生活中的一切。他一直是个了不起的父亲，并且不遗余力地支持我们所有人。他知道以后我不能再陪伴孩子们了，他必须承担起这个角色。我的病给他带来了很大影响，但我也见证了他的成长。我知道就算我不在了，我的孩子们也会得到很好的照顾，对此我很感激。

我面临一个关键的挑战：我不希望因为我的生活停滞了，周围人的生活也跟着停滞不前。癌症，或任何疾病或重大生活变故，往往会把你周围的人也卷入其中。虽然在某种程度上你需要他人帮助，也希望能得到他人支持，不必独自面对问题，但这可能让他人心力交瘁。大概是在确诊三年后，我意识到我的大部分时间都花在"对付癌症"上了，我的整个生活都被它占据了。在那之后，我的家庭进入了更好的状态，我们无须每天 24 小时都谈论癌症、沉浸在癌症中。

尤其是假如患了长期疾病，你不希望人们在回顾往事时说："这五年我们都做了什么？难道只是坐在病床边吗？"我想让我的孩子们快乐。是的，他们想和妈妈在一起，但我真的不想让他们看到我痛苦的样子。我希望他们出去享受生活——令人惊叹的、美妙绝伦的、精彩迷人的生活。我不想仅仅因为我丧失了自理能力（特别是从 2022 年开始），他们也跟着错失美好生活。

塞巴有一半法国血统，有家人在法国生活，所以 2022 年复活节假期他带孩子们去法国看望家人。孩子们很喜欢法国，在那里他们可以在户外自由自在地奔跑，生篝火，种树，玩 BB 枪。为什么要让他们停下这一切？我不想成为负担，我想要他们去体验生活，我希望他们在我离开人世之后能好好活着，对生活充满热情。我不希望他们被过去的五年吞噬。因此，我们制定了一个策略：不管发生什么事，都要继续生活。就这样，即使在最需要人陪在身边的时候，我也希望他们能去愉快地度假。看到他们享受生活的照片，我很开心。

在患癌之前，我也没有真正意识到我的朋友有多棒。我一直有幸拥有不少好朋友，但从来没有意识到我们之间的友谊竟然那么深厚，大家是如此善良、如此慷慨。比如，我原先以为大伙一直乐意与我谈论癌症。每次见到朋友，我都会告诉他们我的最新病情。其实，别人也有自己的生活，他们并不总想谈论我的癌症进展情况。但是朋友们仍会用其他方式表达对我的支持，比如打电话同我闲聊，带我出去喝一杯，或者跟我一起去疯狂购物。然后，当形势变得非常严峻时，他们伸出了援手，对我的付出超出想象，成为我需要的靠山。

我希望我的孩子们在我离开人世之后能好好活着，对生活充满热情。

过去我把生命中的人视为理所当然，意识到这一点让我心潮澎湃。我知道不止我一个人如此。我们很多人都怀有这个想法，尤其是当我们认为自己有的是时间，人生的路还很长时。日常生活中我们对所爱的人并不心怀感恩。我的疾病诊断在某种程度上给我敲响了警钟，多希望不需要这个可怕的经历我就能意识到这一点啊。人生一帆风顺的时候后退一步做假设很难，但如果可以的话，让自己时不时停下来想一想,假如这个世界上最爱的人离开了你,那会怎样。毫无疑问,你也会体会到我的那种感激之情。

我也非常感激人类表现出来的基本的礼貌、慷慨和无私,尤其感激我生病五年以来照顾我的人。有些人觉得这没什么大不了的,在我看来却十分了不起。例如在医院,我都不愿意收拾自己的烂摊子,更不用说别人的了,但任劳任怨的护工和保洁人员干的就是这样的工作。还有让我活下来的医生们。他们说自己只是在做本职工作,但对我来说,他们不仅仅在做本职工作,还是在创造奇迹。我对他们心怀敬意,感恩他们将自己的一生奉献给了帮助他人的事业。

我感激的很多事情都源于他人的慷慨,而努力回报这种慷慨和善良也让我成为一个更好、更快乐、更积极的人。我的哲学是:从小处做起,从家里做起。例如,我收到很多美容产品,我喜欢把它们转送别人,用善意回馈善意,将这种慷慨传递下去。这种感觉真的非常美好。予人玫瑰,手留余香。

我曾在 Instagram 上分享过偶然发现的一家卖围巾的公司的链接。我真的很喜欢他们的做法:每卖出一条围巾,这家公司就会捐赠一条围巾给正在接受癌症治疗的患者。因为我的帖子卖出了 150 条围巾,这家公司又寄给我 150 条围巾,我把它们送给马斯登医院的病友们。我只是做了一件再简单不过的小事，随手分享了一个我觉得不错的链接，结果善意进一步得到传递，这让我非常开心。

我喜欢人们不经意间的善举。我经常收到不认识的人送的花，这会让我的一天充满阳光。人们这样做毫无私心，让我更加感动。这些人并不期望从我这里得到任何回报，他们只是想给别人带来好心情。我把围巾转送给病友们，也并不期待得到任何回报。是的，这样做确实会让我自我感觉良好，不过这并非我如此行事的动机。我首先想到的是让病友们高兴起来，因为住院的日子很是煎熬。真正的善举是不求回报的，否则它的性质就变了。虽然有些老生常谈，但礼轻情意重，心意最重要。

我感激的很多事情都源于他人的慷慨。

近年来，我们听到了太多关于战争和腐败的故事，看到了太多相关画面，于是很容易忽视一个事实：世界上有很多好人，他们与人为善，关心自己的社区。建议大家多去关注别人善良的一面。这样做是一种选择。没有人是百分之百的好人或坏人，绝大多数人并非天生就是好人或坏人。我们都不完美，所以要多去看他人好的一面，对出现在我们生命中的人心怀感恩。

我相信，学会感恩会让你成为一个更好的人。研究表明，感恩甚至还会让你更快乐、更健康。事实上，在影响人们对生活的满意度的众多因素中，感恩被认为是最重要的一个——我本人可以全心全意地担保这点——部分原因在于感恩创造了良性循环。用伦敦政治经济学院心理学和行为科学教授亚历克斯·伍德（Alex Wood）的话说："在生活中心存感恩的人更有可能注意到他人给予的帮助，做出适当的回应，并在未来的某个时刻加以回报。"但感恩并不止于此。假如得到帮助的人心存感激并决定加以回报，就会形成一个良性循环，建立更好的人际关系。我们也发现，这对于保持良好的身心健康非常重要。

每个人的情况不同，因此我们中的一些人天生比其他人更容易感恩，这可以理解。除此之外，有时候我们所有人都会忽视生活中值得我们真正感恩的事情。如果你想探索这一点，有一些经过证实的方法可以帮助你在生活中学会感恩。例如，一项调查"感恩干预"的影响的研究发现，给生活中重要的人写信，感谢他们的帮助，并亲自把信交到对方手上的人，在此后一个月会更加快乐、更少抑郁。我觉得这个研究很有意思。然而，更有效的是写感恩日记。那些连续一周每天写下三件值得感恩的事的人，在做这个练习的六个月后变得更加快乐、更少抑郁。这个做法如此成功，许多参与该研究的人都在日常生活中加以应用，并因此感觉更快乐。

我曾在人生的不同时期写过令我感恩的事情的清单，一直觉得它非常有益。清单中的内容可以是非常简单的事情，比如："今天我很感恩，因为我去见了朋友，还看了电影。"随着我的健康状况恶化，假如哪一天没有遭受病痛折磨，血液指标更乐观，或者能多保持清醒几个小时，我就会很感恩。有时你必须以能实现的事情为目标，接受能够取得的胜利。假如我因为不能再做以前能做到的事而感到痛苦，我就无法对任何事物心存感恩了。

生病让我明白，我现在最想念的是生活中我曾视为理所当然的最基本的东西：住在自己的房子里，能开车去别的地方，能去学校接孩子，能走路，能出门欣赏树木，能呼吸新鲜空气。例如，过去我从不理解去学校看孩子们演出有什么意义，经常因为工作太忙而无暇参加。2022年3月，马斯登医院的医生创造了奇迹，取出了我的引流管，我可以去看我儿子雨果在学校的演出了。这对我意义十分重大，因为我知道这可能是我最后一次看儿子表演了。

"在失去亲人或患慢性疾病等个人逆境中表达感激之情固然很难，但它可以帮助你做出调整、继续前进，或帮你重整旗鼓。虽然庆祝对你来说微不足道的好运是一件很有挑战性的事，但它可能是你能做的最重要的事。"

——索尼娅·柳博米尔斯基，
《幸福有方法》

有时你必须以能实现的事情为目标，接受能够取得的胜利。

过去我觉得理所当然甚至不屑一顾的小事，如今却成了我生活中最为渴望的东西。我家外面那条路的尽头有一块美丽的公共绿地，被困在医院病房时，我多么渴望自己有足够的力气走到那里坐一坐，享受这个世界上我最爱的地方。以前有段时间我每天都去那里跑步。过去只要我想，我就会在一天的任意时刻带着钥匙离开家。即便在我被诊断出患有癌症的情况下，只要身体允许，我也会穿上跑步装备，关上前门，决定去哪里转转。有时我会转错弯，最后到了塔桥或别的地方，这不重要。阳光明媚的时候，我会感到十分自由，这种感觉真是棒极了。现在我已经走不了路了。我不得不一次又一次调整期望值，这反过来也让我重新衡量值得感恩的事物。

我想，渴望活下去的信念让我在弥留之际心怀感恩，让我对能与我爱的人创造新的回忆的每一天都心怀感恩。比如2022年5月的一天，塞巴在黎明时分带我去了萨里郡美丽的威斯利花园，那时大批游人还没赶到。因为身体太虚弱，我已经有十天没出门了，那天我也一直在打盹（在太阳底下像只猫一样），但我很感激周围生机盎然的绿色生命给我的启示。我们都以为自己的生命永无尽头，生活会一帆风顺，但我们不可能永远不死，生活也不会永远顺遂。生活会变得艰难，但我们可以变得更坚强。面对死亡的威胁时，好好活着是我做过的最艰难的事，但它确实让我明白了感恩的力量。

"一个善举会在四面八方生根,而这些根又会长出新的树。"

——阿梅莉亚·埃尔哈特

Chapter 10

第十章

播种：
永不屈服的希望长存

我在生活中播下了许多种子,尤其是在过去的五年里。不是真正的种子,我不喜欢泥巴。种子只是个比喻。我养育了一个儿子和一个女儿,早早就教他们人生道理,因为我知道他们长大后我就不在了。我向世人传播有关癌症的知识,我去跑马拉松,我为立法改革而奋斗,我勇敢地面对霸凌。我还为那些不能发声的人发声。而现实是,所有这些劳动成果我都看不到了。我不可能想活多久就活多久,但我希望我做的工作、我付出的爱和接受的爱在我死后还会长存。

直到开始回顾自己的人生,我才真正意识到这正是我留给世界的一部分遗产。在为了提高人们对肠癌的认识而开展的五年宣传活动中,我从未停下来思考过我的遗产会是什么,我留下遗产是否重要,或者什么遗产对我重要这些问

"即使明天世界就要毁灭,我今天仍会种下一棵苹果树。"

——马丁·路德

题。在我们的日常生活中，它真的很重要吗？

我一直尽我所能让人们了解肠癌的有关知识。

我一直在传递一个信息，那就是鼓励人们进行对话，揭穿关于肠癌的迷思，让更少的人遭受我经历的痛苦。我一直尽我所能让人们了解这个疾病的有关知识。我试图为这场讨论定下框架，讨论治疗方案，采访专家，从个人的角度去解读政府在癌症和医疗保健方面削减开支的政策和相关数据。我想让身患癌症的病友们知道，我是多么爱他们，在乎他们。但我从没想过这是我的遗产。我只把它当成我的工作，是我集中精力投入其中并激励我坚持下去的事情。

我想起自己身为女儿、姐妹、妻子、母亲和朋友时，也是如此。我并不考虑给世界留下什么遗产，我考虑的是希望我爱的人如何记住我。我希望他们记得我的活泼有趣。他们喜欢和我在一起，即使我有时有点邋遢，也从来不洗碗。我一直希望，我的孩子、丈夫和家人都爱我，以我为荣。

不知道我们中有多少人会思考留下什么遗产的问题。也许这是一些人生活的动力，但我的直觉告诉我，大多数人从未真正思考过这个问题。也许这样更好。以前我不知道自己如何、何时或为何触动别人的生活。而现在，在我生命的尽头，我收到无数陌生人的来信和卡片，有时我父母家也会收到，信封上只有我的名字，没有寄件地址，说我在某种程度上帮助了他们。这是最神奇的事。我们从来都不知道自己会对生活中的人产生什么样的影响。我开始坦诚地谈论自己的处境时，完全没想到最终会激励到他人。所以，能看到未知遗产变成已知遗产，我感到无比荣幸。大多数人从未有幸看到自己带来的影响，但事实是，我们每一天、每一刻都在影响他人，即使我们没有意识到这一点。

这也发生在塞巴身上。同事们给他发信息，说他如何帮了他们忙，或者对他们的生活施加了多么积极的影响。现在他和我遇到了难处，他们问能做些什么来报答他。要不是我生病，他们可能永远不会告诉他这些。他很感激有机会了解到自己对别人的生活产生了积极的影响，我也是。

* * *

我一直幻想可以和魔鬼做一笔交易，这样一切就会好起来，其实到现在我都无法接受这件事不能实现。所以，正如我所说，在治疗方案用尽之前，我从来没有考虑过可能会留下什么遗产。那时我才突然感觉得想想该留下什么了。于是我和家人为英国癌症研究中心设立了Bowelbabe基金会，很快，我有了一个遗产。最初的目标是筹集25万英镑，然而在仅仅两周多一点的时间里，我们就筹集了650多万英镑！真是太魔幻了，远远超出了我的想象。筹集到的全部资金将用于资助我真正关心的项目，包括临床试验和个性化医疗研究，为癌症患者带来新的治疗方案，并继续提高人们对这个疾病的认识。这些资金将在未来几年帮助更多人从这些了不起的工作中受益，就像我从中受益一样。也许，只是也许，我们可以最后一次对癌症说："去死吧！"

我感觉五年以来我只不过是一直在谈论便便。突然之间，我被授予"女爵士"爵位，在爸爸妈妈的花园里见到了威廉王子，还上了报纸头版头条。我甚至都认不出自己了。我真的感觉自己不过是在谈论便便。这太不可思议了，你不会意识到自己的小小行为会产生多大的影响，直到有人停下来对你说："等一下，你做得很棒。"也许这难以理解——虽然你非常感激，但你的出发点不是为了这个。

能看到未知遗产变成已知遗产，我感到无比荣幸。

这种感觉就像是生活在梦中一样，但这并不是我的目标。假如我的目标是这个，我的感觉不会像现在这样好。我内心充满感激。

这与我前一章谈到的与人为善类似。你为别人做了什么，并不期望得到任何回报和认可。你这么做是因为这样做正确。假如你带着被认可的期望去做事，整个行为的性质就变了。

你可能认为遗产是你必须有意识地为之努力，或者是你必须在有生之年实现的东西。事实上，遗产是你播下但永远看不到开花的种子。遗产是知道你会让下一代的生活变得更美好。遗产是心怀永不屈服的希望，希望你今天做的一切会为明天创造一个更美好的社会。教学让我明白了这些道理。老师很少知道学生将来会取得什么成就。我们能做的就是给他们提供工具和设备，希望他们能腾空翱翔。

我们对自己的孩子也是如此。一路走来我们不能每一步都牵着他们的手，告诉他们该如何创造自己的遗产。我们只能希望灌输给孩子们正确的价值观，让他们愿意继续前进，重复这个循环，并将它发扬光大。

"不要以你的收获来评价每一天,而是要以你播下的种子来衡量。"

——罗伯特·路易斯·史蒂文森

后记

在我的生命接近尾声时,我对生活中琐碎小事的感激之情与日俱增:从厨房走到花园享受阳光,听鸟儿歌唱,吃东西。你可能会受到一些事情的困扰,把自己看得太重,而走到人生这一步时,你会用正确的眼光重新审视那些令你担心的事。你会意识到,除了那些简单平常的事物和家人朋友的爱,其他一切都不重要。你只想和他们在一起,告诉他们,他们对你有多重要。

搬到爸爸妈妈家进行临终关怀后,我在网上发布了一张我在雨中坐在花园里的照片。这让我想起了我那位患有囊性纤维化的朋友西蒙。你永远不知道什么时候是最后一次感受雨水落在脸上。早上醒来时,你不知道能否有幸过完这一整天。然而,我们常常把简单的事物视为理所当然,比如感受风拂过头发或雨打在脸上。我从来都不怎么喜欢下雨,但坐在花园里,想到这可能是我最后一次感受雨了,我想像西蒙那样拥抱这个体验。你永远不知道什么时候是你最后一次做某件事。

除了那些简单平常的事物和家人朋友的爱,其他一切都不重要。

在生命尽头,你可能以为人们会制订很多宏伟的计划,去体验人生中的大事,比如四处旅行。然而让你惊叹的都是小事。比如有人告诉我,有一种玫瑰以我的名字命名——黛博拉·詹姆斯女爵士玫瑰。得知这个消息的时候,我哭了,因为这份礼物是如此美好。玫瑰是我最喜爱的花,我希望这种玫瑰能让每个人的脸上露出灿烂笑容。我很高兴地得知,这种玫瑰将被纳入一个计划,该计划旨在让更多弱势群体参与园艺。这个品种现在可以永远种植了,也许有一天我的女儿埃洛伊丝甚至会选择将它放在自己的婚礼花束中。这个想法美好中又带着一丝苦涩。

你必须品味生活,享受小事,为自己能到处走动而感恩,享受与家人在一起的快乐时光,享受你的身体。说到底，正是这些东西带给我最大的幸福。

确诊患癌时，我看着我的丈夫和孩子们，心想："现在我还不能死。"我心有不甘，"假如我现在死了，还有太多的事没处理。"现在我不再有那种感觉了。我已经走到了人生尽头。当然，我很遗憾不能看着我可爱的孩子们长大成人，但仅此而已。我并不伤心难过，我感到骄傲。对于我爱的人，对于未竟的事业，对于我和孩子们一起做过的事，对于我创造的回忆，我没有任何遗憾。让人生不留遗憾并不容易，但我觉得我做到了这一点。

你必须品味生活，享受小事。

有人说我是在向人们展示如何痛快赴死，然而事实是我吓坏了。内心深处我很害怕。我讨厌这一切即将结束，讨厌我不得不离开我深爱的人。再多积极乐观的情绪也无法帮我克服这一点。我能做的就是提醒自己，我爱的人会在我死后得到照顾，他们会没事的。他们为我骄傲，他们爱我，会以很多不同的方式记住我。他们的内心永远会怀有我那永不屈服的希望。

说到底，这是我能传递给你们的最重要的信息。我找到许多不同的方法来帮助自己应对疾病,从吸取失败的教训,到开怀大笑,再到感恩生命中的好运,但对我渡过难关帮助最大的是我那永不屈服的希望。我知道,假如你也能保持一点希望,那么即使在黑暗时刻来临时,你也能克服一切挑战,过上快乐、满足和幸福的生活。

给家人的一封情书

黛博拉在 2022 年 6 月去世前不久向塞巴斯蒂安、雨果和埃洛伊丝口述了这封情书。

我现在坐在我的一生至爱塞巴斯蒂安旁边。过去我一直都不敢确定,一个人能否真的拥有一生至爱,但我现在笃信,两个人之间的确存在坚定不移的爱。

我一直深爱着我的丈夫。我从第一次见到他的时候就喜欢上他了,第三次约会后我就知道自己会嫁给他。我很清楚,他并不完美,但他就是适合我的那个人。他很尊重我,也不让我对他为所欲为。只要我有需要,都可以得到他的帮助,哪怕是在凌晨 3 点。他总能让一切都好起来,给了我足够的安全感。即使再过 18 年,我也依然会觉得他是我目之所及最有魅力的男人。当然，他也有固执的一面，会让内心幼稚的我很抓狂，但整体而言，他就像美酒一样醇厚。他喜欢雄辩，也爱开玩笑，而我一般更喜欢看个电影，喝杯小酒。

回首我们在一起这么多年的时光，我意识到，感情是需要维系的。生活很复杂，有时会影响我们的关系。照顾孩子的琐碎与烦恼、经济上的压力、像夜行船舶一样聚少离多的生活，这些都很容易让人忽视自己所爱的那个人，哪怕他近在眼前。我多么希望自己能够早一点知道，维系婚姻需要投入时间和精力，是生活必要的课题，要像去健身房甚至是每天刷牙一样形成习惯。真心相爱的两个人，应该放下一切，拥抱彼此，而不是斤斤计较。

当癌症将我带到生命的终点，我意识到一个残酷的事实：我无法再像以前一样，全身心地陪伴在我最崇拜、最需要的这个人身边了。我无法用一个没有病痛的身体去亲吻他，也失去了和他一起天马行空地畅想未来、规划退休生活的自由。因为患癌，我的身体状况总在变化，而我们的目标和梦想也要一周一周地甚至一天一天地跟着调整。

我的丈夫一直是我的支柱。每当我崩溃的时候，他都会抱紧我，为我擦掉眼泪。我每天都在想：曾经憧憬的童话般的婚姻变成了日复一日的生存挣扎，每多活一天都是一种战斗，这对他而言是多么大的压力。我在想，他知道自己即将变成鳏夫，会有怎样的感受。我在想，将来他会如何悼念我，没有我的日子，他能不能过得好。

* * *

说到雨果和埃洛伊丝，我的眼泪就忍不住了。因为他俩就是我的全世界。

我知道，养育儿女有很多种方式，只要有爱，并无对错之分。我也知道，孩子比我们想象的更有韧性。

身为父母，孩子成长的那些瞬间就像一张张照片，会永远留在我们的脑海里。然而，在人之将死时，最深刻的、最美好的回忆可能与我们想象的不太一样。我首先想到的是雨果刚刚出生四天时的样子。他躺在我们家的双人床上，躺在我旁边，想要喝母乳。看着这个小小的、黄色的肉球，感受着他五斤多重的身体蜷缩在我的肚子上，那一刻我才知道什么是爱。如今他已经是一个14岁的大男孩了，仍然会跟我一起依偎在沙发上。如果可以，我愿意不惜一切代价继续保护他，就像他四天大时那样。

我相信自我实现的预言，相信永不屈服的希望，相信我死后孩子们会没事的。因为如果我告诉他们，他们会受不了，那他们就可能真的会难以承受。我想让他们知道，生活并不总是按计划进行。你可以制定目标、制订计划，但你也要做好心理准备，有时不按常规出牌的生活更有趣。所以，一定要勇敢！要记得，你永远都是最支持自己的人，永远都是自己的啦啦队队长。不要等到退休后再去探索这个世界，现在就出发。在"活在当下"和"计划未来"之间，要有一个很好的平衡，即使这很难（有可能是最难的事情）。结婚一定是因为爱情。可以买只狗——我就是在人生的一个低谷期买了温斯顿，而它给我带来了莫大的快乐。自然界的花花草草，还有各种动物，都能让我感到幸福，孔雀除外。很遗憾，直到生命的尽头，我才真正开始懂得欣赏大自然中的一切美好事物。

多抽出时间去外面走走。放松不是偷，而是滋养我们的方式。我们都需要不断地补充能量——谁也无法从空杯子中喝到水。

每天都去做让自己感到快乐的事，要让自己的生活充满乐趣。并且要记住，每个人喜欢做的事情不一样，不要随意地去评判他人。

每天我们醒来时，都不知道自己能否安然度过这一天的

24 小时。所以，当第二天太阳升起时，我们应该心怀感恩。我们每天都被赐予 86 400 秒的时间，想怎么用就怎么用。选择权在于你们，而未来属于那些相信梦想之人。你们相信自己的梦想吗？

延伸阅读

推荐书目

9 Things Successful People Do Differently by Heidi Grant Halvorson (Harvard Business Review Press, 2017)

Bounce: The Myth of Talent and the Power of Practice by Matthew Syed (Fourth Estate, 2011)

F*** You Cancer: How to Face the Big C, Live Your Life and Still Be Yourself by Deborah James (Vermilion, 2018)

Grit: Why Passion and Resilience Are the Secrets to Success by Angela Duckworth (Vermilion, 2017)

Handbook of Adult Resilience edited by John W. Reich, Alex J. Zautra and John Stuart Hall (Guilford Press, 2010)

The How of Happiness: A Practical Guide to Getting the Life You Want by Sonja Lyubomirsky (Piatkus, 2010)

Mindset: Changing the Way You Think to Fulfil Your Potential by Carol Dweck (Robinson, 2017)

Outliers: The Story of Success by Malcolm Gladwell (Penguin, 2009)

Positive Psychology in a Nutshell: The Science of Happiness by Ilona Boniwell (Open University Press, 2012)

Positive Psychology: The Scientific and Practical Explorations of Human Strengths by Shane J. Lopez, Jennifer Teramoto Pedrotti and Charles Richard Snyder (Sage Publishing, 2015)

Quiet: The Power of Introverts in a World That Can't Stop Talking by Susan Cain (Penguin, 2013)

Thinking, Fast and Slow by Daniel Kahneman (Penguin, 2012)

网站

angeladuckworth.com

apa.org

bowelbabe.org

bowelcanceruk.org.uk

cancerresearchuk.org

hbr.org

positivepsychology.com

positivepsychology.org.uk

psychologytoday.com

sciencedirect.com

参考文献

American Psychological Association, 1 Feb. 2020. Building your resilience, retrieved from https://www.apa.org/ topics/resilience/ building-your-resilience

American Psychological Association and Discovery Health Channel, n.d., The road to resilience, retrieved from https://www.uis. edu/sites/default/files/ inline- images/ the_road_to_resilience.pdf

Beckett, S., 2009. *Company/Ill Seen Ill Said/Worstward Ho/Stirrings Still*, Faber & Faber

Blume, J., 2015. *Tiger Eyes*, Macmillan Children's Books

Britzky, H., 6 Oct. 2020. A new Army field manual has tips for 'productive self-talk.' Here are some examples the service should add, *Task & Purpose*, retrieved from https:// taskandpurpose.com/mandatory-fun/army- manual- productive-self-talk

Brooks, A. C., 23 Sep. 2021. The difference between hope and optimism, *The Atlantic*, retrieved from https://www.theatlantic.com/

family/archive/2021/09/ hope-optimism- happiness/620164/

Bryant, F. B. and Cvengros, J. A., 2004. Distinguishing hope and optimism: Two sides of a coin, or two separate coins? *Journal of Social and Clinical Psychology*, 23(2), pp. 273–302

Campaign to End Loneliness, n.d. Risk to health, retrieved from https://www.campaigntoendloneliness.org/threat-to-health/

Carstensen, L. L., 2006. The influence of a sense of time on human development. *Science*, 312(5782), pp. 1913–15

Dholakla, U., 26 Feb. 2017. What's the difference between optimism and hope? *Psychology Today*, retrieved from https://www.psychologytoday.com/gb/blog/the-science-behind-behavior/201702/whats-the-difference-between-optimism-and-hope

Edmondson, A. C., Apr. 2011. Strategies for learning from failure, *Harvard Business Review*, retrieved from https:// hbr.org/2011/04/strategies-for-learning-from-failure

Frank, A., 2012. *The Diary of a Young Girl*, Penguin

Frankl, V., 2004. *Man's Search for Meaning*, Rider

GOALBAND, n.d., Gail Matthews research summary, retrieved from http://www. goalband.co.uk/uploads/1/0/6/5/10653372/gail_matthews_research_summary.pdf

Haimovitz, K. and Dweck, C. S., 2016. Parents' views of failure predict children's fixed and growth intelligence mind-sets. *Psychological Science*, 27(6), pp. 859–69

Hill, N., 2004. *Think and Grow Rich*, Vermilion

Levy, M., 2012. *If Only It Were True*, Versilio

Martin, R. A., Puhlik-Doris, P., Larsen, G., Gray, J. and Weir, K., 2003. Individual differences in uses of humor and their relation to psychological well-being: Development of the Humor Styles Questionnaire. *Journal of Research in Personality*, 37(1), pp. 48–75

Morishima, T., Miyashiro, I., Inoue, N., Kitasaka, M., Akazawa, T., Higeno, A., Idota, A., Sato, A., Ohira, T., Sakon, M. and Matsuura, N., 2019. Effects of laughter therapy on quality of life in patients with cancer: An open-label, randomized controlled trial. *PloS One*, 14(6), p. e0219065

Moskowitz, G. B. and Grant, H. (eds), 2009. *The Psychology of Goals*, Guilford Press

Osin, E., 7 Mar. 2010. Measuring balanced time perspective using Zimbardo Time Perspective Inventory (ZTPI), Positivepsychology. org.uk, retrieved from http:// positivepsychology.org.uk/measuring-balanced-time-perspective-using-ztpi/

Roosevelt, E., 2012. *You Learn by Living: Eleven Keys for a More Fulfilling Life*, HarperPerennial

Winfrey, O., Sep. 2002. Dream big. *The Oprah Magazine*

Wood, A., Joseph, S. and Linley, A., 2007. Gratitude–Parent of all virtues. *The Psychologist*, 20(1), pp. 18–21

Wood, A., Joseph, S. and Maltby, J., 2008. Gratitude uniquely predicts satisfaction with life: Incremental validity above the domains and facets of the five factor model. *Personality and Individual Differences*, 45(1), pp. 49–54

Zimbardo, P. G., 2002. Just think about it: Time to take our time. *Psychology Today*, 35(1), p. 62